Adolf Goetzberger
Mein Leben

In Dankbarkeit meiner Frau Ursula Goetzberger,
die 57 Ehejahre treu zu mir gestanden hat.

Impressum

Herausgeber
Deutsche Gesellschaft für Sonnenenergie (DGS), Landesverband Franken e.V.
Fürther Straße 246c, 90429 Nürnberg, www.dgs-franken.de

In Kooperation mit
Fraunhofer-Institut für Solare Energiesysteme ISE
Heidenhofstraße 2, 79110 Freiburg, www.ise.fraunhofer.de

Verlag
Verlag Solare Zukunft, Inh. Christian Dürschner
Anna-Rosenthal-Weg 21, 91052 Erlangen ● www.verlag-solare-zukunft.de

Autor
Prof. Dr. Adolf Goetzberger

Redaktion, Konzeption
Matthias Hüttmann, Puschendorf ● www.pressebuero-huettmann.de

Layout, Satz
Satzservice S. Matthies
Hinter dem Gröbel 15, 99441 Umpferstedt ● www.doctype-satz.de

Druck
Heider Druck GmbH
Paffrather Straße 102-116, 51465 Bergisch Gladbach ● www.heider-druck.de

Umschlag Titelbild: Adolf Goetzberger
Auflage: 1. Auflage 2020

ISBN: 978-3-933634-47-4

Inhalt

Frühe Kindheit und der zweite Weltkrieg

FRÜHE KINDHEIT

Ich, wurde am 29. November 1928 in München geboren. Mein Vater war Tabakwarengroßhändler und meine Mutter hatte vor der Hochzeit ein Tabakwarengeschäft.

Ich wurde auf den Namen Adolf getauft. Dieser hatte überhaupt nichts mit Hitler zu tun, sondern es war geplant, dass ich einmal das Geschäft meines Vaters, der ebenfalls Adolf hieß, übernehmen sollte und das wäre dann praktisch gewesen. Aber wie anders kam dann alles! Später hätte ich – wegen Adolf Hitler – gern anders geheißen, aber das ließ sich nicht mehr ändern.

Sehr bald kam ein tiefer Einschnitt, denn mein Vater starb, als ich erst zwei Jahre alt war. Meine Mutter hat nie wieder geheiratet, so blieb ich ein Einzelkind. Sie hatte keinerlei finanzielle Absicherung und den Großhandel konnte sie auch nicht weiterführen. So erwarb sie einen kleinen Tabakladen mit angeschlossener Wohnung in Neuhausen, einem der ärmeren Viertel von München. Das Einkommen war bescheiden und meine Mutter musste mit sehr wenig Geld über die Runden kommen. Sie war den ganzen Tag an ihren Laden gebunden und ich trieb mich, sobald ich laufen konnte, mit anderen Kindern auf der Straße herum. Das war damals relativ ungefährlich, denn damals gab es hauptsächlich Pferdefuhrwerke.

Den größten Teil meiner Kindheit und frühen Jugend erlebte ich unter dem Naziregime. Die Machtergreifung Hitlers geschah 1933, als ich 5 Jahre alt war. Schon vorher sah man braun uniformierte SA-Abteilungen durch die Straßen marschieren. Eine meiner frühesten Erinnerungen ist, dass ich zusammen mit anderen Kindern einer solchen Truppe, die singend durch unsere Straße marschierte, hinterherlief. Sie marschierten immer weiter, bis sie sich schließlich auflösten und ich nicht mehr wusste, wo ich war. Ich weiß heute nicht mehr, wie ich damals wieder nach Hause gekommen bin.

Mit 6 Jahren kam ich in die Volksschule, die ich, ohne besonders aufzufallen, hinter mich brachte. Einmal musste ich eine Zeitlang vor der Klassentür stehen, da ich das große Einmaleins nicht konnte (Ich kann es bis heute noch nicht und hab es auch nie gebraucht). Auch Züchtigungen gab es zu der Zeit. Sehr häufig wurden dabei sogenannte Tatzen angewendet. Dabei musste man die Hände ausstrecken und der Lehrer schlug mit einem dünnen Stock auf die Finger. Ich war davon aber nicht betroffen.

Meine Noten waren gut genug, um nach der vierten Klasse aufs Gymnasium zu wechseln, was damals aber nur die Wenigsten taten, denn das Gymnasium kostete Schulgeld, 20 Reichsmark im Monat. Meine Mutter sparte eisern, um das Geld aufzubringen. In den ersten beiden Schuljahren war ich ein schlechter Schüler, ich machte kaum Hausaufgaben, sondern trieb mich lieber mit Freunden herum oder las Karl May Bücher. Es half mir auch niemand beim Lernen. Meine Mutter war zwar selbst auf eine höhere Töchterschule gegangen, aber meist zu beschäftigt, um mir zu helfen. Außerdem hatte sie wohl das meiste vergessen. Im Englischen, das wir von der ersten Klasse (Gymnasium) an hatten, war ich so schlecht, dass ich versetzungsgefährdet war. Erst allmählich kam ich zur Einsicht, dass ich mehr tun musste und dann wurden meine Zeugnisse deutlich besser.

Im Winter lief ich gerne Schlittschuh. Wir hatten sogenannte „Absatzreißer" also Schlittschuhe zum Anklemmen an normale Schuhe. Schlittschuhbahn war wieder die Straße vor unserem Haus. Sie war im Winter von glatt gefahrenem Schnee bedeckt, der sich sehr gut zum Eislaufen eignete.

In der Schule wuchs der politische Einfluss. Es gab einige Lehrer, die fanatische Nazis waren, sie versuchten uns regelrecht zu indoktrinieren. Andere waren sehr zurückhaltend und man konnte deutlich erkennen, dass sie mit der ganzen Richtung nicht einverstanden waren, aber sich nicht äußern durften.

Heute denke ich, wenn nicht das Kriegsende dem ganzen Spuk ein Ende gemacht hätte, dass ich möglicherweise auch diesem Einfluss erlegen wäre und alles, was geschah gutgeheißen hätte. Es half aber, dass meine Mutter sehr früh nach kurzer Begeisterung zu einer scharfen Nazigegnerin wurde und mich zu Hause immer wieder entsprechend beeinflusste.

Die Judenverfolgung geschah zunächst mit großer Öffentlichkeit. Man muss dazu wissen, dass damals die Juden nicht besonders beliebt waren. Sie waren gute und erfolgreiche Geschäftsleute, viele von ihnen waren sehr reich. Daher gab es viel Neid gegen sie, sodass die Mehrheit schweigend, wenn nicht sogar billigend die immer schärfer werdenden Maßnahmen gegen die Juden verfolgte. Die Reichskristallnacht, in der alle Synagogen in Brand gesteckt wurden, gehört zu meinen frühen Erinnerungen. Meine Mutter war entsetzt, als wir die Ruinen der größten Synagoge Münchens in der Sonnenstraße sahen, die in der Nacht zuvor niedergebrannt wurde. Es gab aber durchaus auch arme Juden. Zu uns kam oft ein Vertreter namens Finkelstein, mit dem sich meine Mutter gern unterhielt und den sie sehr schätzte. Er entkam gerade noch vor Kriegsbeginn aus Deutschland und schaffte es bis Schanghai, den einzigen Ort, der noch jüdische Flüchtlinge aufnahm. Eine Postkarte von dort ist das Letzte, was wir von ihm empfingen.

Wir hörten auch von den Konzentrationslagern, die überall eingerichtet wurden. Eines davon war in Dachau vor den Toren von München, wo Regimegegner gefangen gehalten und gequält wurden. Davon erzählte man sich hinter vorgehaltener Hand. Öffentlich durfte es nicht erwähnt werden. Dass aber später Juden und andere Minderheiten systematisch ermordet wurden, erfuhren wir erst nach Kriegsende und konnten es zuerst gar nicht glauben.

DER ZWEITE WELTKRIEG

Den Kriegsausbruch 1939 erlebte ich auf einem Familienfest, zu dem mich meine Tante mitgenommen hatte. Die Nachricht kam über das Radio und ich hatte meine Tante, die sonst ein fröhlicher Mensch war, noch nie so ernst erlebt. Sie sagte „Das wird viel Leid über uns bringen". Eine echte Kriegsbegeisterung gab es eigentlich nur bei den Hitleranhängern, die allerdings sehr zahlreich waren. Ich war aber zu jung, um das Ereignis voll zu verstehen.

Die ersten Kriegsjahre verliefen in meinem Umfeld relativ ereignislos, zunächst gab es nur Siege auf allen Fronten, aber es konnte so nicht beliebig weitergehen. Der Größenwahn des Führers kannte keine Grenzen und führte schließlich in die größte Katastrophe, die das deutsche Volk je erlebt hatte. Als auch Amerika in den Krieg eintrat, war für Einsichtige das Ende vorhersehbar. Charakteristisch ist ein Witz, der damals die Runde machte. Dazu muss gesagt werden, dass das Weitererzählen solcher Witze lebensgefährlich war, wenn man an den Falschen geriet. Der Witz geht folgendermaßen:

In der Geographiestunde erklärt der Lehrer die Weltkarte folgenderma-
ßen: Dieses große Land hier ist Amerika und das da ist Deutschland. Da
fragt der kleine Max: Herr Lehrer, weiß der Führer das?

Zunächst wurden die Lebensmittel knapp und deshalb rationiert.
Man konnte nur noch mit Lebensmittelmarken einkaufen. Wir Schüler
bekamen jeden Monat einen Tag frei und mussten Lebensmittelmarken
an die Haushalte austragen.

Richtig zu spüren bekamen wir den Krieg, als die Bomben anfingen,
auf deutsche Städte zu fallen. Hitler hatte angefangen, englische Städte bombardieren zu lassen, aber bald drehte sich die Situation um und
Amerikaner und Engländer bombardierten ebenso rücksichtslos die
Wohnviertel unserer Städte. Fast jeden Tag heulten die Sirenen und wir
mussten unsere Habseligkeiten zusammenraffen und den Luftschutzkeller aufsuchen. Bei Tag kamen die Bomberflotten der Amerikaner und bei
Nacht die der Engländer. Bei einigen Gelegenheiten kam ich nur knapp
mit dem Leben davon. Ich sah, wie die Menschen im Luftschutzkeller
Angst um ihr Leben hatten, wenn die Bomben immer näher fielen. Ich
selbst war recht unbekümmert, vielleicht begriff ich die Größe der Gefahr nicht. Ich wollte sogar die Bomber kommen sehen und blieb trotz
der Warnung meiner Mutter oft vor dem Haus, um die Flugzeuge zu
sehen. Einmal war es ganz knapp. Ich sah einen tieffliegenden Bomber
direkt auf mich zufliegen und lief rasch in Richtung Luftschutzkeller. Unten konnte ich die dicke Eisentür nicht mehr ganz hinter mir schließen,
da wurde sie durch eine gewaltige Explosion zugeschleudert. Das ganze
Haus über uns war nur noch ein Trümmerhaufen. Wir entkamen durch
einen Mauerdurchbruch in den Keller des Nebenhauses. Das zerstörte
Haus war nicht unseres, sondern das nebenan. Wir waren dorthin gegangen, weil es einen besseren Luftschutzkeller hatte. Unser Haus, in dem

wir zur Miete wohnten, war schon bei einem früheren Angriff schwer beschädigt worden. Ein Bombeneinschlag in der Nähe hatte das Haus so schwer erschüttert, dass das Treppenhaus zusammenstürzte. Seitdem wohnten nur noch meine Mutter und ich im Haus, da wir wegen des Geschäfts in Erdgeschoss wohnten. Etwa sechs Wochen vor Kriegsende (das Kriegsende trat für uns ein, als die Amerikaner in München einmarschierten), mussten wir auch das Haus verlassen, denn bei einem weiteren Luftangriff fiel eine Brandbombe auf das Dach des Hauses. Man hätte den Brand leicht löschen können, aber man konnte wegen des fehlenden Treppenhauses nicht mehr das Dach erreichen. Somit waren wir ausgebombt. Wir kamen bei einer Tante, der Schwester meiner Mutter unter, die ein kleines Reihenhaus an der Peripherie, in Laim hatte.

Im letzten Kriegsjahr wurde unser Schulunterricht immer wieder unterbrochen, da wir beim Wegräumen von Trümmern helfen mussten. Einmal musste ich mit einem Schulkameraden im Büro der Parteiortsgruppe aushelfen. Alle dort normal Beschäftigten waren im Räumungseinsatz, sodass wir allein übrig waren. Ein älterer Mann, der mit einem Anliegen hereinkam und ängstlich „Heil Hitler" sagte, staunte nicht schlecht, als wir ihn fröhlich mit „Grüß Gott" begrüßten. Das zeigt, wie die Ordnung allmählich zusammenbrach.

Als ich 15 Jahre alt war, wurde ich für die Wehrmacht gemustert. Zunächst wurde ich wegen schwacher Gesundheit ein halbes Jahr zurückgestellt, sonst hätte ich gleich zu den Luftwaffenhelfern gemusst, was den Einsatz an den Flugabwehrkanonen bedeutet hätte. Dass ich dann noch weiter ein halbes Jahr verschont wurde, habe ich meiner Mutter zu verdanken, die wie eine Löwin für mich kämpfte. Sie ging von einer Behörde zur nächsten und erreichte schließlich, dass ich wiederum nicht gleich einrücken musste, Ich schwänzte die meisten Appelle der Hitlerjugend, zu der ich wie jeder Junge zwangsrekrutiert wurde. Wenn man heute Papst Benedikt den Vorwurf macht, dass er bei der Hitlerjugend war, sollte man bedenken, dass das damals Pflicht für jeden war. Aber mir gefiel der militärische Drill überhaupt nicht, auch meine Mutter unterstützte mich in dieser Haltung. Interessanterweise gab es nie Sanktionen, sondern ich erhielt mit der Post immer neue Termine mit weiter steigenden Drohungen. Aber als diese nichts nützten, fing das Ganze von vorne an. Kurz vor Kriegsende erhielt ich schließlich einen Stellungsbefehl zum Volkssturm, mit genauen Angaben, wann ich mich wo einzufinden hätte. Der Volkssturm war das letzte Aufgebot und bestand aus Jugendlichen und alten Männern.

Die Amerikaner hatten bereits den Rhein überschritten und es gab Hoffnung, dass sie bald auch München erreichen würden. So beschloss ich, mich nicht beim Volkssturm zu melden. Das war höchst gefährlich, denn es bedeutete Desertion und wäre mit dem Tode bestraft worden, aber andererseits wäre ich als Soldat in diesen letzten Kriegstagen vielleicht auch umgekommen. Ich hatte jedenfalls Glück und erlebte den Einmarsch der Amerikaner, ohne entdeckt worden zu sein. Ich lebte etwa vier Wochen sozusagen im Untergrund, da wir ja durch den Bombenschaden zur Tante ziehen mussten und ich meinen neuen Wohnsitz nicht meldete.

DIE NACHKRIEGSZEIT

Nach dem Krieg begann eine weitere sehr schwere Zeit für uns. Lebensmittel waren schon in den letzten Kriegsjahren knapp geworden, aber nun erlebten wir echten Hunger. Wer Verwandte auf dem Land hatte, konnte von diesen Hilfe bekommen, aber wir besaßen keine solche Verbindung. Da wir kein Einkommen hatten, stellte meine Mutter einen

Kiosk am Willibaldplatz auf, wo sie den größten Teil des Tages zubrachte. Auch ich war oft dort tätig und verkaufte Zigaretten und Limonaden. Später bekam sie eine kleine Lastenausgleichsrente, weil sie durch den Bombenangriff ihre Existenz verloren hatte. Da sie sehr bedürfnislos war, reichte ihr diese Rente bis zu ihrem Lebensende, sie sammelte sogar noch Ersparnisse an.

Nach dem Krieg fiel die Schule ein ganzes Jahr lang komplett aus. Viele Lehrkräfte wurden aufgrund ihrer Nazivergangenheit entlassen und es mussten neue Lehrpläne erstellt werden. Ich versuchte, soweit es ging, allein weiter zu lernen. Schulbücher hatte ich noch und vor allem lernte ich Englisch, denn ich dachte, das kann man auf alle Fälle brauchen. Von Bekannten bekam ich einen Stapel Comic-Hefte, die ein amerikanischer Soldat hinterlassen hatte. Sie enthielten viel amerikanischen Slang und meine Verwandten mokierten sich, dass ich so schlechtes Englisch lernte, aber später, als ich in Amerika war, kam mir das sehr zustatten.

Nach den ursprünglichen Plänen meiner Mutter, sollte ich eigentlich gar nicht weiter aufs Gymnasium gehen, denn sie wollte und konnte das Schulgeld nur bis zur mittleren Reife bezahlen. Nach dem Krieg aber gab es kein Schulgeld mehr und ich hatte noch keinen Schulabschluss. So ging ich weiter zur Schule und machte Abitur mit guten Noten, mein selbständiges Lernen hatte mir geholfen.

Nach dem Abitur war auch meine Mutter dafür, dass ich studieren sollte. Wir waren zwar arm, aber da ich zu Hause wohnen konnte, war ein Studium in München möglich. Ein Studium in einer anderen Stadt hätte ich mir natürlich nicht leisten können. Etwas Geld verdiente ich mir mit Nachhilfeunterricht. Ich konnte aber nicht sofort mit dem Studium anfangen, denn Studienplätze waren knapp und die Universität weitgehend zerstört. So musste ich zuerst ein Bausemester absolvieren. Das bedeutete Trümmer schaufeln und manchmal auch schwere Möbel schleppen.

Für mich stand schon von Anfang an fest, dass ich Physik studieren wollte. Während des Krieges hatte ich ein Physikbuch in die Hand bekommen und war von da an von diesem Fach fasziniert. Zu jener Zeit kannte man den Beruf des Physikers noch kaum. Physik studierte man zusammen mit Mathematik vor allem für das Lehrfach. Ich fing auch mit dieser Richtung an, obwohl ich nicht die Absicht hatte, Physik- und Mathelehrer am Gymnasium zu werden. Zu den vielen Fügungen, die meinen Weg bestimmten, gehörte auch, dass während meines Studiums sich Möglichkeiten auftaten, in der Industrie und anderswo als Physiker zu arbeiten. Ich wäre bestimmt kein guter Lehrer geworden und zeitlebens unzufrieden gewesen.

Studentenzeit, Berufsanfang und Aufbruch in die USA

Die Studentenzeit

Als ich endlich mit dem Studium beginnen konnte, tat sich die nächste Schwierigkeit auf. Das erste Semester war gelaufen, während ich mit dem Aufräumen von Trümmern beschäftigt war, so musste ich direkt im zweiten Semester einsteigen. In manchen Fächern, z. B. Mathematik, verstand ich zunächst gar nichts und musste wiederum selbst vieles nachlernen. Ich machte aber trotzdem nach vier Semestern mein Vordiplom und konnte planmäßig mit der Diplomarbeit beginnen.

Mein Diplom- und späterer Doktorvater war Prof. Walter Gerlach, ein berühmter Physiker, einer der Begründer der Quantenmechanik. Jeder Physikstudent lernt heute den Stern-Gerlach Effekt. Allerdings hatte er fast nie Zeit für seine Studenten, da er gleichzeitig Rektor war und auch sonst eine wichtige Rolle spielte. Ich sah ihn während der Diplomarbeit nur zweimal, einmal als er mir das Thema gab und dann, als ich ihm nach zwei Jahren die fertige Arbeit ablieferte. Er merkte auch nicht, dass ich ein anderes Thema, als das, was er mir ursprünglich zugewies, bearbeitet hatte. Beim ursprünglichen Thema hätte ich eine komplizierte Apparatur mit Glasbläserarbeiten selbst herstellen müssen, was mir gar nicht gefiel, da ich kein guter Handwerker war.

In dem Labor, wo ich eine Ecke zugewiesen bekam, befand sich eine alte, selbstgebaute Vakuumaufdampfanlage, die ich übernehmen konnte. Damit fing ich an zu experimentieren, bis ich schließlich eine interessante

Substanz, nämlich Antimon fand, mit der ich bald neue Effekte studieren konnte. Zu Gerlachs Ehre sei gesagt, dass er meine Arbeit gut fand und sofort annahm. Nach dem Diplom hätte ich eine Stelle in der Industrie annehmen können, aber ich beschloss mit der Promotion weiterzumachen. Als Hilfsassistent verdiente ich genügend Geld, um bescheiden davon leben zu können. Ich lebte weiterhin bei meiner Mutter, die sonst allein gewesen wäre. Die Promotion war allerdings ein Risiko, denn da sich Gerlach kaum um seine Doktoranden kümmerte, brauchten die meisten viele Jahre, manche gaben sogar auf. Ich hatte aber den Vorteil, während meiner Diplomarbeit einen sehr interessanten Effekt zu finden, den ich aber nicht in die Diplomarbeit aufnahm, sondern für die Doktorarbeit in Reserve hielt. Nach einem Jahr meldete ich mich bei Gerlach an, um ihm einen Zwischenbericht zu geben und zu meiner Überraschung war er so begeistert, dass er sagte: „Das reicht, schreiben Sie zusammen, in vier Wochen ist Prüfung". Ich hatte in neuer Rekordzeit meine Doktorarbeit gemacht. Die vier Wochen reichten natürlich nicht für eine gute Prüfungsvorbereitung und ich bestand nur mit *magna*, nicht mit der Bestnote *summa cum laude*, aber das konnte ich verschmerzen.

Die Studentenzeit verbrachte ich jedoch nicht nur mit Studieren, sondern auch mit anderen Aktivitäten. Prägend für mich war die Mitarbeit in einem studentischen Marionettentheater, dem „Kleinen Spiel", das heute noch in München aktiv ist. Wir stellten die Marionetten für jedes Stück selbst her, und führten viele Stücke auf mit allem, was dazu gehört, wie Regie, Musik, Beleuchtungsplan, usw. Zum Kleinen Spiel gehörte auch Tankred Dorst, der die meisten Stücke für uns schrieb und so seine Karriere als Dramatiker begann. Ich begann als Beleuchter und lernte nach und nach sowohl das Führen von Puppen als auch das Sprechen von Rollen. Beides war getrennt. Ich bekam sogar etwas Schauspielunterricht. Noch heute habe ich gute Freunde aus der damaligen Zeit.

Auch ein anderes Erlebnis ist mir in Erinnerung geblieben. Einmal wurde ich mit einer Studentengruppe zu einer Quizsendung in den Bayrischen Rundfunk eingeladen. Es gab noch zwei andere Gruppen und wir mussten Fragen beantworten, die von Vertretern aus der Wirtschaft, deren Firmen die Sendung gesponsert hatten, gestellt wurden. Der Vertreter einer Bank glaubte, seine Frage besonders gut formuliert zu haben. Er fragte, „Haben Sie schon etwas von einem trockenen Wechsel gehört?" Niemand wusste eine Antwort. Da meldete ich mich und sagte nur: „Nein". Es erhob sich großes Gelächter im Saal. Die Antwort wurde als richtig beantwortet gewertet. Da die Sendung von vielen gehört worden war, war ich eine Zeitlang recht bekannt, auch wenn ich im Übrigen immer noch nicht weiß, was ein trockener Wechsel ist. Das führte auch dazu, dass ich mit anderen Studenten zu einem Erholungsaufenthalt nach Schloss Elmau in der Nähe von Garmisch eingeladen wurde. Dort gab es Konzerte, Tanzabende und viel Geselligkeit. Später fuhr ich mit meinem Freund Eberhard Böhringer noch oft für ein Wochenende dorthin. In neuerer Zeit wurde es als Tagungsort für das G7 Treffen sehr bekannt.

DER BERUFSANFANG

Nach der Promotion ging ich auf Stellensuche. Ich entschied mich bei Siemens in München ins Halbleiterwerk einzutreten, was für mich die bequemste Lösung war, da ich in München bleiben konnte.

Meine Mutter hatte schon seit längerer Zeit ihren Kiosk aufgegeben und lebte von ihrer kleinen Rente aus dem Lastenausgleich. Sie erfüllte sich nun ihren größten Wunsch nach einem eigenen Haus und kaufte ein sehr kleines Reihenhaus. Sie hatte über viele Jahre eisern dafür gespart und sich fast nichts gegönnt. Ich wohnte weiter bei ihr. Da ich nun ein

Einkommen hatte, konnte ich ihr auch dabei helfen, das Haus abzubezahlen.

Meine Arbeitsstelle bei Siemens beinhaltete die Entwicklung von Transistoren auf Germanium Basis, die einige Jahre zuvor bei Bell Labs in USA von dem Nobelpreisträger William Shockley und Mitarbeitern erfunden worden waren. Im Wesentlichen lasen wir amerikanische Veröffentlichungen und versuchten, deren Inhalt nachzuempfinden.

DER AUFBRUCH NACH USA

Auf Dauer befriedigte mich die wenig innovative Arbeit bei Siemens nicht mehr und ich suchte nach Alternativen. Ein Freund, der auch im Kleinen Spiel mitwirkte, arbeitete damals für eine Niederlassung der US-Firma Beckman Instruments in München. Diese Firma hatte diverse Tochterfirmen in USA, darunter auch Shockley Transistor. Diese Firma war einige Jahre zuvor von Shockley gegründet wurden, nachdem er für die Erfindung des Transistors zusammen mit Bardeen und Bratton den Nobelpreis erhalten hatte. Ein Ausspruch, den er anlässlich seiner Firmengründung tat, war: „Ich habe meinen Namen lang genug in Physical Review gelesen, nun möchte ich ihn im Wall Street Journal lesen". Wie sich später herausstellte, eine totale Fehleinschätzung. Er war ein genialer Wissenschaftler, aber kein guter Geschäftsmann. Seine neue Firma wurde von Beckman Instruments großzügig finanziert. Da der finanzielle Erfolg jedoch ausblieb, wurde die Unterstützung im Lauf der Zeit immer mehr zurückgefahren.

Shockley hatte die neue Firma in unmittelbarer Nähe zur Stanford Universität, in Mountain View am Süd-Ende der San Francisco Bay gegründet. Er versammelte eine Gruppe ausgezeichneter Wissenschaftler um sich und fing an, ein Bauelement, das er selbst erfunden hatte, eine Vierschichtdiode, welche für den Ersatz der mechanischen Schalter in Telefonsystemen gedacht war, zu produzieren. Dieses komplizierte Bauelement ließ sich nie mit ausreichender Ausbeute und reproduzierbaren Eigenschaften herstellen. Ich wusste nichts über diese Situation, aber beschloss kühn, mich dort zu bewerben. Als ich über meinen Freund meine Bewerbung dorthin schickte, hatte Shockley zunächst keinen Personalbedarf und ich erhielt eine Absage.

Aber ein knappes Jahr später erhielt ich plötzlich einen Anruf, Shockley sei in München und wünschte mich zu sehen. Was war geschehen? Es hatte Meinungsverschiedenheiten zwischen ihm und seinen Mitarbeitern gegeben. Er hatte, da er gut bezahlen konnte, einen Stab von ausgezeichneten Wissenschaftlern um sich versammelt, die aber auch entsprechend selbstbewusst waren. Shockley bestand auf der Vierschichtdiode, aber die Mitarbeiter waren einstimmig der Ansicht, dass es besser wäre, einen Transistor, der einfacher in der Herstellung war, zu entwickeln. Daraufhin verließen fast alle Mitarbeiter die Firma und gründeten eigene Start-up Firmen in der Nachbarschaft. So wurde Shockley, ohne es zu wollen, zum Gründer des Silicon Valley. Die bekannteste Neugründung war Fairchild Semiconductor, die von Noyce, Moore und einigen anderen früheren Shockley Mitarbeitern gegründet wurde. Noyce gründete später Intel und wurde so zu einem der erfolgreichsten Firmengründer in USA. Ich wusste von all dem nichts, profitierte aber davon, dass Shockley nun Personalbedarf hatte.

Der Entschluss in die USA überzusiedeln war eine schwere Entscheidung für mich. Denn, bedingt durch die Einschränkungen der Kriegs- und Nachkriegszeit, war ich praktisch noch nie im Ausland gewesen. Ein einziges Mal, während meiner Promotionszeit, hatte ich einen halben Tag in der Schweiz verbracht. Mein Doktorvater, Walter Gerlach, nahm immer an dem Nobelpreisträgertreffen in Lindau teil. Er nahm dazu einige seiner Studenten mit und auch ich durfte einmal mitkommen. An einem freien Nachmittag fand ein Schiffsausflug über den Bodensee in die Schweiz statt. Der Unterschied zwischen der reichen Schweiz und unserem armen Nachkriegsdeutschland war überwältigend.

Nun aber stand ich vor einer Entscheidung, die mein ganzes weiteres Leben total beeinflussen und ändern würde. Dementsprechend schwer fiel es mir auch, mein bisheriges Umfeld hinter mir zu lassen. Ich hatte viele Freunde in München, die ich nicht mehr sehen würde, und vor allem meine Mutter musste ich zurücklassen. Sie tat sich aber bald mit ihrer Schwester, bei der wir am Kriegsende gewohnt hatten und die nun auch alleine war, zusammen, verkaufte ihr Haus in München und kaufte ein anderes im Voralpenland, das sie mit der Schwester bewohnte. Später erwies sich, dass diese Entscheidung die wichtigste in meinem ganzen Leben war und mir einen steilen Weg nach oben ermöglichte.

Damals war es nicht so wie heute, dass man ins Flugzeug steigt und rasch über den Atlantik fliegt, sondern die Flüge dauerten lang und waren vor allem sehr teuer. Sogar ein Telefongespräch in die USA war fast unerschwinglich. Für mich bedeutete das effektiv die Auswanderung. Das fand auch offiziell seinen Niederschlag. Ich reiste mit einer Green Card für Einwanderer nach USA ein.

Kalifornien

Erste Eindrücke

Mit schwerem Herzen stieg ich im Herbst 1958 in Frankfurt in eine Propellermaschine, eine Super Constellation, und flog zunächst bis New York mit Zwischenlandungen in Shannon (Irland) und Gander (Neufundland). Dort blieb ich über Nacht, konnte aber kaum schlafen. Damals wusste ich noch nichts über Jetlag. Am folgenden Tag flog ich den ganzen Tag über von der Ost- an die Westküste. Besonders erstaunt war ich, dass mehr als die Hälfte der USA aus Steppe und Wüste besteht. Bei späteren Reisen erkannte ich, dass grüne, fruchtbare Landschaften, wie bei uns, auf der Erde eher die Ausnahme sind.

Als ich ankam, wurde ich von Shockley selbst am Flughafen San Francisco abgeholt. Fast alles war anders als ich es von Deutschland gewohnt und als ich es mir vorgestellt hatte: Wuchernde Stadtlandschaften, mit breiten Straßen, mit vielen niedrigen Geschäftsbauten und vor allem Reklame. Man sah nur Autos und keinen einzigen Fußgänger.

Zuerst war ich in Palo Alto in einem Motel am El Camino Real, der Hauptstraße untergebracht. Schon beim Frühstück zeigte sich, dass ich große Defizite im Englischen hatte. Ich hatte Probleme, die Speisekarte mit den vielen unbekannten Gerichten zu verstehen und etwas Vernünftiges zu bestellen. Dabei hatte ich neun Jahre Englisch im Gymnasium hinter mir und auch ein recht gutes Abitur gemacht. Mein Wissen war aber sehr theoretisch, wir hatten Shakespeare in der Abschlussklasse gelesen und auch in Grammatik war ich gut beschlagen. Mit dieser Grundlage war ich aber sehr schnell in der Lage, alles, was ich beruflich und privat brauchte, auszudrücken und zu verstehen. Nach kurzer Zeit konnte ich sogar die Orthographiefehler, die meine Techniker in ihren Berichten machten, korrigieren. Ihre Fehlern störten sie allerdings überhaupt nicht: „Man versteht doch, was ich sagen will und das genügt ja".

Das Shockley'sche Entwicklungslabor war eine große Ernüchterung. Es bestand aus einer ehemaligen großen Scheune, in der Diffusionsöfen und Messgeräte ziemlich ungeordnet herumstanden. Das Labor war in Mountain View, einem Nachbarort Palo Altos gelegen. Heute befindet sich an dieser Stelle soviel ich weiß ein Möbelhaus, aber eine Plakette „Historic Landmark" erinnert an den Geburtsort des Silicon Valley. Auch hier zeigte sich Amerika als Land der Kontraste, einerseits großer materieller Überfluss, andererseits Improvisation mit einfachen Mitteln. Anfangs hatte ich noch kein Auto und ging zu Fuß ins Labor. Das war nicht leicht, denn immer wieder hielten freundliche Autofahrer an und fragten mich ob sie mich mitnehmen könnten. Ein Fußgänger war eine große Rarität. Fahrräder gab es überhaupt nicht, nicht einmal als Sportgerät.

Mein Lebensstandard verbesserte sich schlagartig. Bei Siemens hatte ich etwa 600 DM im Monat verdient und nun bekam ich dieselbe Summe in Dollar. Der Umrechnungsfaktor war 1 zu 4,2. Da aber auch die Preise in USA höher waren, verdiente ich etwa das Doppelte. Ich konnte mir nun ein Auto leisten und bald auch ein eigenes Apartment in einer Anlage mit Swimmingpool. Zunächst aber bezog ich ein möbliertes Zimmer bei einer Mrs. Leary. Mein Nachbar im nächsten Zimmer war ein ungarischer Emigrant, Sandor Drobilisch, der als Konstrukteur arbeitete. Er hatte am Aufstand gegen das kommunistische Regime teilgenommen, es war ihm gelungen, kurz vor der Niederschlagung des Aufstands über die Grenze nach Österreich zu fliehen. In Ungarn, sagte er, drohe ihm die

Todesstrafe, weshalb er erst nach Zerfall des Sowjetreichs seine Verwandten wieder besuchen konnte. Wir wurden sehr schnell gute Freunde. Er half mir in vieler Hinsicht, mich in dem neuen Land zurechtzufinden.

BERUFLICHES

Shockleys Labor war recht klein. Als ich ankam, waren nur drei Wissenschaftler und dazu etwa zehn Assistenten vorhanden. Als promovierter Wissenschaftler wurde ich gleich Senior Scientist und bekam einen, später mehrere Assistenten, welche einen Bachelor Abschluss hatten. Einer der schon vorhandenen Kollegen war ein Schweizer, Kurt Hübner, der nebenher bei Shockley promovierte, denn Shockley war auch Professor in Stanford. Ich wurde von allen sehr freundlich aufgenommen, wie überhaupt die Amerikaner gegenüber Fremden und auch untereinander sehr aufgeschlossen und entgegenkommend sind, beziehungsweise damals waren. Die Atmosphäre in Labor war sehr angenehm, wir hatten eine Menge Spaß bei der Arbeit. Einzig ein Chinese, Chi Tang Sah, war unfreundlich und abweisend zu mir. Erst war mir rätselhaft, warum er sich so verhielt, aber später fand ich heraus, dass er wusste, dass Shockley mich als seinen Nachfolger eingestellt hatte. Er war in jeder Hinsicht unverträglich, auch mit Shockley kam er nicht gut aus, aber auch die Silicon Valley Gründer wollten ihn nicht in ihre neuen Firmen mitnehmen. Er war jedoch ein ausgezeichneter Wissenschaftler, vor allem auf theoretischem Gebiet. Nach relativ kurzer Zeit bekam er eine Stelle als Professor an einer angesehenen Universität und verließ unser Labor.

Zunächst hatte ich ein großes Problem bei der Einarbeitung, denn Shockley hatte mir ein umfangreiches Opus, eine Patentanmeldung gegeben, die eine komplizierte Theorie über die Entstehung von hochfrequenten Wellen in einem Halbleiter enthielt. Diese Theorie war eng verwandt mit dem viel später entdeckten Gunn Effekt. Das Patent bekam Shockley aber nicht, denn ein ehemaliger Kollege bei Siemens, auch Theoretiker wie Shockley, hatte bereits vorher ein Patent angemeldet, allerdings ohne die Grundlagen richtig verstanden zu haben. Das veranlasste Shockley später zur rhetorischen Frage: „Kann man etwas patentieren bevor es erfunden ist?" Die Antwort ist: „Man kann." Shockley fand bald heraus, dass ich mich nicht als Theoretiker eignete und gab mir praktische Aufgaben im Labor. Nachdem ich bei Siemens mit Germanium gearbeitet hatte, befasste ich mich nun mit Silicium, das damals technologisch noch sehr schwer zu beherrschen war, aber, wie man damals schon erkannte, das Material der Zukunft war. Ich sollte mich mit diffundierten, gleichrichtenden p-n-Übergängen in Silicium befassen, die damals nicht reproduzierbar in guter Qualität herstellbar waren. Oft erhielt man sogenannte „soft junctions", die man an den Kennlinien sofort erkannte, d. h. sie waren schlechte Gleichrichter. Damals waren die Reinheitsbedingungen im Labor äußerst unzulänglich, was zu Verunreinigungen während der Hochtemperaturdiffusion führte. Shockley entwickelte eine Theorie zur Erklärung dieses Effekts: Gelöste Metallverunreinigungen würden beim Abkühlen des Siliciums Ausscheidungen, also Präzipitate, bilden, die wiederum in der Raumladungszone der p-n-Übergänge zu Leckströmen führen würden. Ich hatte die Aufgabe, durch Potentialmessungen an der Oberfläche einer sehr dünnen Diffusionsschicht diesen Effekt nachzuweisen, was mir mit Hilfe meines Assistenten auch gelang. Es zeigte sich eine schöne Potentialsenke an einer Stelle, wo der Strom durch eine solche Ausscheidung floss.

Bald aber erzielte ich einen noch größeren Erfolg, nämlich ein Verfahren, um solche Präzipitate zu vermeiden. Die Diffusionen wurden in zwei Stufen vorgenommen, nämlich in einem ersten Prädiffusionsschritt, wo eine dünne Phosphor- oder Borschicht in das Silicium eingebracht wurde und einem zweiten Tiefdiffusionsschritt bei höherer Temperatur, wo der p-n-Übergang ins Innere verlegt wurde. Es fiel mir nun auf, dass nach der ersten Diffusion die Kennlinien gut waren, d. h. sehr kleine Leckströme hatten, aber nach der zweiten Diffusion die schlechten Kennlinien auftraten. Offensichtlich kamen die Verunreinigungen während der hohen Temperaturbehandlung ins Silicium. Ich machte nun einen entscheidenden Versuch indem ich einen dritten Schritt hinzufügte, nämlich wieder eine Prädiffusion bei niedrigerer Temperatur mit hoher Phosphorkonzentration an der Oberfläche. Das Ergebnis war erstaunlich, es ergab wieder perfekte Kennlinien. Shockley war begeistert und formulierte auch gleich eine Erklärung für diesen Effekt. Während der Diffusion mit hoher Phosphorkonzentration bildete sich ein flüssiges Phosphorglas auf der Oberfläche, das als Getter wirkte. Die Löslichkeit der verunreinigenden Metalle war im Phosphorglas höher als im Silicium und so wanderten diese Verunreinigungen ins Phosphor-(oder Bor) Glas, wo sie bei späteren Technologieschritten abgelöst wurden. Shockley war so begeistert, dass er dieses Ergebnis seinen früheren Mitarbeitern bei Bell-Labs vorführen wollte und so reisten wir bald darauf nach Murray Hill in New Jersey, wo ich vor einer gespannten Zuhörerschaft einen Vortrag hielt. Das Getterverfahren wird auch heute noch in der Halbleitertechnologie benützt. Somit war ich sowohl bei Shockley als auch in der Fachwelt etabliert, denn das Problem der „weichen" p-n-Übergänge plagte damals alle Firmen.

Im weiteren Verlauf der Arbeit bei Shockley konnte ich noch viele interessante Versuche und Ergebnisse produzieren, deren Beschreibung hier zu weit führen würde, aber in der Literatur zu finden sind.

Ein Jahr nach meinem Beginn traf ein weiterer Wissenschaftler aus Deutschland ein, Hans (eigentlich Hans-Joachim) Queisser, der bald ein enger Freund und Kollege wurde. Er war auch der Anlass, dass ich zum ersten Mal mit Solarzellen in Berührung kam. Shockley hatte den Ansatz zu einer theoretischen Abschätzung des maximalen Wirkungsgrads von Solarzellen entwickelt, den Hans nun fertig ausarbeiten sollte. Da wir unsere Schreibtische nebeneinander hatten, bekam ich die Entwicklung der Theorie direkt mit. Damals ahnte niemand, wie wichtig diese Theorie später werden würde. Heute noch spricht man vom Shockley-Queisser-Wirkungsgrad und welche Technologie, die beste wäre, um ihm möglichst nahe zu kommen.

Wir hatten damals einige amüsante Begegnungen mit japanischen Besuchern. Damals war Japan ein oftmals belächeltes Schwellenland, das zunächst durch eifriges Kopieren seine Industrialisierung vorantrieb. Es tauchten immer mehr Japaner bei uns auf, die als Besucher möglichst viel zu lernen versuchten. Alles, auch das Unwichtigste wurde notiert. Einmal beobachtete ich einen Japaner, der in unserem Labor die Seriennummer eines Diffusionsofens abschrieb. Aber die Japaner lernten schnell. Etwa ein Jahrzehnt später, als ich wieder in Deutschland war, reisten wir nach Japan, um etwas über die Massenproduktion von Halbleiterbauelementen zu lernen. Ein anderer Japaner, ein damals schon ein interessanter Gesprächspartner war Dr. Makoto Kikuchi, der uns auch einmal besuchte, seine Englischkenntnisse waren allerdings noch nicht allzu vollkommen. Hans Queisser und ich sprachen mit ihm, und als es Abend wurde, fragten wir ihn, ob er mit uns essen gehen wollte. „Yes, I wish to dine" war seine Antwort. Wir sahen uns verwundert an und fragten uns, ob er wirklich ein fürstliches Mahl einnehmen wollte, denn so hätte sich ein englischer Lord ausgedrückt. In Wirklichkeit gebrauchte er nur einen Ausdruck aus seinem Lehrbuch. Wir hatten auch später noch enge Kontakte mit ihm, als er Entwicklungsleiter von Sony war. Gerne erinnere ich mich an diverse Besuche in Tokio, wo er uns immer mit großer Gastfreundschaft empfing.

DIE ZEIT IN KALIFORNIEN

Privat fand ich bald guten Anschluss in Palo Alto. Mein Freund Sandor half mir beim Kauf eines Autos, zunächst erwarb ich nur einen Gebrauchtwagen, obwohl ich mir auch einen neuen hätte leisten können, aber so schnell wollte ich mich nicht umstellen.

Kalifornien ist einer der schönsten und abwechslungsreichsten Staaten der USA. Das Klima ist angenehm mild, dem mediterranen verwandt, in dem es nur im Winter regnet. Ein einziges Mal in all den Jahren erlebte ich Schnee in Palo Alto. Dagegen gab es immer wieder leichte Erdbeben. Fast jedes Wochenende war ich mit Freunden und Kollegen oder auch alleine unterwegs, um die Naturschönheiten zu erkunden. Es gab die faszinierende Großstadt San Francisco, in nächster Nähe wunderschöne Küstenlandschaften und Strände. Baden kann man allerdings nicht im Pazifik, denn das Wasser ist bedingt durch den kalten Humboldt Strom nur für sehr abgehärtete Naturen geeignet. Am schönsten aber fand ich das Gebirge der Sierra Nevada im Osten an der Grenze zu Nevada mit einmaligen Nationalparks. Oft brachen wir am Wochenende auf in die Berge, wobei eine Anfahrt von vier bis fünf Stunden bei den damaligen Straßen gerne in Kauf genommen wurde. Stichworte sind beispielsweise Lake Tahoe, Yosemite Nationalpark, Sequoia Nationalpark oder auch das Skigebiet von Squaw Valley. Im Winter brachte ich etwa jedes zweite Wochenende in irgendeinem Skigebiet in der Sierra zu. Besonders in Erinnerung blieben mir die olympischen Winterspiele 1960 in Squaw Valley, wo es auch einen großen deutschen Erfolg gab. Georg Thoma aus Hinterzarten errang die Goldmedaille in der Nordischen Kombination. Ich war aber nicht bei dieser Konkurrenz, sondern stand an der Slalomstrecke, wo Willy Bogner hoher Favorit war. Leider stürzte er im zweiten Lauf gerade an der Stelle, wo ich stand. Ich erinnere mich noch, wie er leise schimpfend aufstand und langsam in Richtung Ziel fuhr.

Aber auch die Wüsten im Süden Kaliforniens empfand ich als faszinierend. Besonders begeisterte mich das Death Valley mit seinen spektakulären Naturwundern, wie z. B. dem Zabriskie Point, der ausgetrocknete Salzsee am tiefsten Punkt der USA, die Oase mit dem feudalen Hotel mitten in der Wüste, die vielen Sanddünen und vieles mehr. Auch als ich nicht mehr in Kalifornien wohnte, kam ich immer wieder ins Death Valley, da ich oft auf einer Tagung in Las Vegas war.

Die Mitarbeiter bei Shockley waren eine interessante internationale Mischung. Shockley hatte offensichtlich genug von Amerikanern und stellte hauptsächlich Ausländer, vor allem Europäer ein. Nach Hans Queisser kamen noch einige weitere deutsche Physiker hinzu: Dr. Hans Strack, Dr. Reinhard Gereth, Dr. Walter Schroen und schließlich ein Chemiker, Dr. Hans Wagner. Letzterer war eine schillernde Persönlichkeit. Er war schon älter, etwa 50, und hatte wohl im zweiten Weltkrieg in hervorgehobener Stellung in der chemischen Industrie gearbeitet. Wir wussten nie, was wir von seinen abenteuerlichen Erzählungen wirklich glauben konnten, z. B. dass er einmal in der Vorkriegszeit mit dem Zeppelin nach Amerika gereist war und dass er noch in den letzten Kriegstagen in Saus und Braus lebte. Auch wie er trotz seiner Vergangenheit nach Amerika gelangt war, blieb von einem Geheimnis umwittert. Von seiner früheren Frau war er geschieden und lebte mit seiner alten Mutter zusammen. Er war ein interessanter Gesprächspartner und da Hans Queisser und ich auch unverheiratet waren gingen wir oft zusammen Mittagessen. Diese Essen nutzten wir auch, um die deutsche Sprache nicht zu verlernen. Wir gründeten einen informellen „Club zur Erhaltung des deutschen Sprachguts". Es war streng verboten, englische Ausdrücke zu gebrauchen, ausgenommen natürlich da, wo es nicht anders ging.

Einige der neuen Mitarbeiter blieben nicht allzu lange, denn Shockley war sehr anspruchsvoll wodurch die Zusammenarbeit oft recht schnell wieder beendet war. Auch Hans Wagner war nur etwa zwei Jahre bei Shockley, Walter Schroen sogar noch kürzer. Neben der Gruppe der Deutschen gab es den Schweizer Kurt Hübner (er starb im Januar 2013) und einen Kanadier, Bob Scarlett, sowie zwei echte Amerikaner, Bob Teichner und Harry Sello. Viele der frühen Shockley Mitarbeiter gingen später wieder nach Europa zurück und nahmen dort durchwegs wichtige Stellen ein. Kurt Hübner wurde zuerst Entwicklungsleiter der größten Schweizer Uhrenfabrik, später leitete er in der Schweizer Bundesregierung die gesamte Schweizer Rüstungsindustrie. Reinhard Gereth, der leider früh verstarb, war Vorstandsmitglied beim großen Batteriehersteller Varta. Hans Strack wurde Entwicklungsleiter der damals noch bedeutenden Halbleiter-Firma AEG und dann Professor in Darmstadt. Nicht zu vergessen Hans Queisser, der zuerst Professor in Frankfurt und dann Direktor am Max-Plank-Institut für Festkörperphysik in Stuttgart wurde. Wir hielten unsere Kontakte aus der Shockley-Zeit aufrecht und trafen uns noch lange Zeit einmal im Jahr in Deutschland oder der Schweiz, wozu auch immer einige Amerikaner herüberkamen. Einige unserer früheren Assistenten hatten selbst Firmen gegründet und waren wohlhabend geworden.

Ein weiterer Deutscher, von dem hier zu berichten ist, war Roland Haitz. Shockley brachte ihn von einer seiner Europatouren mit. Roland hatte noch nicht promoviert und sollte das unter Shockley nachholen. Shockley kümmerte sich zwar gelegentlich um ihn, wenn er Zeit hatte, aber im Wesentlichen hatte ich ihn zu betreuen. Roland stellte sich als ein sehr guter Wissenschaftler heraus, der auch mit großem Erfolg seinen Doktor machte. Er blieb übrigens in Amerika und wurde ein sehr bekannter Manager bei Hewlett-Packard. Für mich war er aber noch aus einem anderen Grunde wichtig, denn er war indirekt dafür verantwortlich, dass ich meine Frau kennenlernte.

Hier muss ich eine andere Geschichte dazwischenschieben, nämlich einen fehlgeschlagenen Versuch, eine eigene Firma zu gründen. Vorübergehend hatten wir einen amerikanischen Theoretiker in der Firma, der aber nicht lange blieb, da er den Ansprüchen Shockleys nicht genügte. Wie sich später herausstellte, hatte er bei der Anstellung falsche Angaben gemacht: Er hatte nicht fertig promoviert, aber schmückte sich mit dem Doktortitel. Eines Tages schlug er Hans Queisser und mir vor, eine Firma zu gründen, die künstliche Rubine herstellen sollte. Damals wurde gerade der erste Laser von Thomas Maiman entdeckt, der mit einem Rubinkristall arbeitete und man versprach sich davon einen großen Bedarf. Wir wollten also ein neues Herstellverfahren für Rubine entwickeln. Dazu machte ich einen Vorschlag, der dann auch umgesetzt wurde. Rubin, der eigentlich Alumiumoxid ist, ist in Kryolith löslich, was damals kaum jemand wusste, mir aber aus meiner Chemievorlesung noch bekannt war (bei der Aluminiumherstellung durch Elektrolyse wird Kryolith in großem Umfang verwendet). Wir mieteten einen früheren Laden in Palo Alto und bauten dort unseren Versuch auf. Wir hatten auch bald einen bescheidenen Erfolg, denn wir konnten an einem als Saatkristall dienenden, nicht perfekten und daher billigen Rubin eine dünne Schicht aus Rubin neu gewinnen. Allerdings zeigte sich, dass das Verfahren zu langsam war, um kommerziell zu werden. Unser amerikanischer Freund hatte eine Frau aus Texas, die aus einer reichen Familie stammte. Er betrieb die Technik zunächst weiter, um künstliche Rubine für die Schmuckindustrie herzustellen. Der Schwager unseres amerikanischen Teilhabers, ein Chemiker namens Trueheart Brown aus Texas, stieg ein und verlagerte die Minifirma nach Texas, aber auch er musste nach ein paar Jahren aufgeben. Das Ganze geschah in unserer Freizeit, ohne dass unser Arbeitgeber davon wusste.

Durch das Skifahren und Roland Haitz lernte ich auch meine spätere Frau Ursula (Uschi) kennen. Es war erstaunlich, dass ich immer wieder

Deutsche in Kalifornien traf. Die Amerikaner vermittelten immer wieder Kontakte zu Deutschen, die sie kannten. Ich hatte vorher auch eine deutsche Freundin, aber die Beziehung war ziemlich chaotisch.

Wie schon erwähnt, fuhren wir etwa alle zwei Wochen zum Skifahren in die Sierra. An jenem Wochenende war Thanksgiving und meine Freunde waren schon frühzeitig in die Berge aufgebrochen. Ich arbeitete aber an Thanksgiving mit meinen zwei Kollegen in unserer geheimen Firma an der Herstellung von Rubinen und konnte erst am folgenden Tag freinehmen. Einige Tage zuvor hatte mich Roland Haitz gefragt, ob ich nicht eine Bekannte von ihm in San Francisco mitnehmen könnte, die ebenfalls erst einen Tag später fahren wollte. Er hatte sie auch erst in Amerika kennengelernt, sie war ihm als Adresse genannt worden, als jemand, die aus der gleichen Gegend, nämlich Karlsruhe stammte. Uschi war damals für ein Jahr bei einem Onkel in San Francisco, um Englisch zu studieren. Zusätzlich arbeitete sie noch in einer Versicherung, um Geld zu verdienen. Ich fuhr also zur angegebenen Adresse in der Nähe des Golden Gate Parks und traf sie dort zusammen mit ihrem Onkel. Mit dabei war auch noch Leo Amadei, ein Techniker aus unserem Labor, der ebenfalls in die Sierra wollte. Es wurde ein sehr schöner Ausflug, dem noch viele weitere folgten mit dem Ergebnis, dass wir sehr schnell verlobt waren. Das Weitere folgt später, erst will ich wieder zum Beruflichen zurückkehren.

Meine Arbeit und alles darum herum war auch beruflich viel interessanter und auch effektiver, als ich es von früher gekannt hatte. Ich hielt Vorträge auf Tagungen, schrieb Veröffentlichungen und machte Dienstreisen. Besonders in Erinnerung ist mir meine erste Dienstreise, zu der mich Shockley zu einer Tagung der Amerikanischen Physikalischen Gesellschaft mit nach Los Angeles nahm. Ich war tief beeindruckt von dieser damals schon riesigen Stadt, vor allem, als Shockley sie mir von oben zeigte. Wir nahmen, als es schon Nacht war eine Zahnradbahn auf einen

Aussichtspunkt und ich konnte über die Weite der Stadt mit den vielen Lichtern nur staunen. Wichtig war aber natürlich die Tagung, wo ich viel lernen konnte. Diese Tagung war aber außergewöhnlich, weil sie als Beginn der Mikrotechnik bezeichnet wird. Dort hielt nämlich der berühmte Physiker und Nobelpreisträger Richard Feynman einen bedeutsamen Abendvortrag, den ich miterleben durfte. Der Titel war „There is plenty of room at the bottom". Er wollte klarmachen, dass noch ungeheuer viel Potential im Kleinen steckte. Sein Rezept war zwar nicht sehr praktisch, aber anschaulich. Er schlug vor, eine sehr kleine Drehbank zu bauen mit der man eine noch kleinere Drehbank bauen könnte, usw. bis man in die Mikrowelt vorgedrungen war und auf diese Weise winzige Dinge herstellen konnte. Den meisten Teilnehmern, mich eingeschlossen, war nicht klar, welche Entwicklung damit in Gang gesetzt wurde. Der Vortrag wird heute als Beginn der Mikrotechnik betrachtet.

Im Labor beschäftigte ich mich mit dem Verständnis der Lawinendurchbrüche (Avalanche Effect) in p-n-Übergängen, also mit Vorgängen, die bei hohen Spannungen stattfinden. Diese waren auch das Thema der Dissertation von Roland Haitz. Eine Abbildung aus einer unserer Arbeiten erschien sogar auf dem Titelblatt von Applied Physics. Zusammen mit Bob Scarlett entwickelte ich einen Hochfrequenzleistungstransistor, der von unserer Firma produziert werden sollte, was aber nicht mehr realisiert wurde, da sie vorher in Insolvenz ging. Hier ist zu erwähnen, dass unsere große Entwicklungsgruppe nie aus den Erlösen der Firma bezahlt werden konnte, sondern dass wir weitgehend von öffentlichen Aufträgen lebten. Mit Shockleys Reputation war es immer wieder möglich, solche Aufträge zu ergattern. Auch ich musste des Öfteren zu den Geldgebern, meist ins Verteidigungsministerium reisen, um unsere Anträge und Ergebnisse zu vertreten. Wir machten aber rein wissenschaftliche Forschungen, so dass es oft schwierig war, den militärischen Bezug herzustellen.

Auf Kosten des Militärs durfte ich auch auf meiner ersten Europareise zu einer internationalen Tagung nach Prag reisen. Ich flog in einer militärischen Transportmaschine von einem Stützpunkt in New Jersey aus. Für den Zweck dieser Reise wurde mir der Rang eines Majors zugeteilt. Ich fand das amüsant, da ich auf Grund des zweiten Weltkriegs nie im Militärdienst war.

Die Firma Beckman Instruments verlor allmählich die Geduld mit Shockley, da der erhoffte finanzielle Erfolg ausblieb. Schließlich wurde Shockley-Transistor, wie unsere Firma damals hieß, an die Firma Clevite Semiconductors verkauft. Shockley selbst wurde mehr oder weniger vor die Tür gesetzt und wurde Professor in Stanford. Er blieb uns aber in Beraterfunktion erhalten. Zu meiner Überraschung wurde ich als sein teilweiser Nachfolger zum Entwicklungsleiter ernannt. Unsere neuen Eigentümer stellten relativ einfache Dioden-Gleichrichter her und wussten, wie man diese billig und in großen Mengen produziert. Für unsere mehr wissenschaftliche Arbeitsweise hatten sie aber keinerlei Verständnis. Nach einigen Übergangslösungen schickten sie uns einen neuen, außerordentlich kleinkarierten Manager, der uns überhaupt nicht beeindruckte. Morgens stand er früh am Eingang und kontrollierte mit der Uhr in der Hand, wann die Mitarbeiter erschienen. Von unserer Arbeit aber hatte er wenig Ahnung. Es war mir bald klar, dass meine Zeit in Palo Alto sich dem Ende zuneigte.

Nun zurück zum Privaten. Uschi und ich heirateten am 21. Juni 1962 in Karlsruhe, wo ihre Eltern wohnten. Ich wollte ursprünglich in Las Vegas heiraten, aber Uschi fand zurecht, dass wir das unseren Eltern nicht antun konnten. Eine in Las Vegas geschlossene Ehe hätte wohl auch nicht so lange Bestand gehabt, wie unsere gehalten hat. Uschis Eltern bereiteten uns ein sehr schönes Hochzeitsfest, anschließend gingen wir auf Hochzeitsreise nach Wien. Da man in USA nur zwei Wochen

Urlaub hat, mussten wir bald wieder zurück nach Kalifornien. Wir hatten etwas Besonderes vor, nämlich eine Fahrt quer durch die Vereinigten Staaten von Ost nach West. Da wir ein Zweitauto brauchten, reisten wir erst nach Portland, Maine, wo die Eltern meines Assistenten Bruce McDonald wohnten, die gerade ein Auto verkaufen wollten. Dieses Auto erstand ich und dann fuhren wir auf der Nordroute bis an die Pazifikküste. Wir brauchten dazu eine Woche, einschließlich eines Aufenthalts in Yellowstone Nationalpark. In Palo Alto mieteten wir uns in einem schönen Apartmentkomplex ein, was binnen kürzester Zeit möglich war. Wir lebten etwa ein Jahr in Kalifornien, bevor wir nach New Jersey umzogen.

Da das Ende der Firma abzusehen war, begann ich mich nach einer anderen Stelle umzusehen. Die meisten Möglichkeiten gab es an der Ostküste, wo ich schließlich auch strandete. Ich hatte schon immer die Bell Laboratorien bewundert, wo fast alle bedeutenden Entwicklungen der Elektronik entstanden waren. Da ich mich nicht direkt dort bewerben wollte, gab ich einen Direktor bei Bell, Dr. Bill Early als Referenz bei einer Bewerbung an. Es lief, wie ich es erhofft hatte. Sobald er hörte, dass ich eine Stelle suchte, rief er mich an und fragte, ob ich zu Bell kommen wollte. Ich sagte sofort zu und bald stand unser Umzug an. Auch diesmal fuhren wir mit dem Auto, diesmal aber auf der Südroute. Es war eine schöne Reise, die aber von einem traurigen Ereignis überschattet war. Eine Woche zuvor war Präsident Kennedy in Dallas ermordet worden. Ich weiß noch, wie mir Bruce im Labor die Nachricht eröffnete und ich es zunächst nicht glauben konnte. Ähnlich wie mir ging es fast allen. Eine Woche nach Kennedys Ermordung trafen wir auf unserer Reise in Dallas ein. Wir fuhren durch die Straße, in der er erschossen worden war. Es war gespenstisch, die Straße war menschenleer und tiefe Trauer hing über der ganzen Stadt. Uschi war schwanger mit Oliver und überstand die Reise sehr gut bis auf eine kritische Situation in New Orleans, wo wir einen Arzt ins Hotel holen mussten.

New Jersey und Bell Laboratories

Die Bell Laboratorien waren damals das führende industrielle Forschungsinstitut der USA und auch der Welt. Das Gebäude war ein riesiger Komplex in Murray Hill, New Jersey. Zahlreiche bahnbrechende Innovationen entstanden dort, auch Nobelpreise wurden an Bell Labs Forscher vergeben, z. B. der Nobelpreis für die Erfindung des Transistors, der an meinen Mentor in Kalifornien, William Shockley sowie Bardeen und Brattain vergeben wurde. Bardeen erhielt übrigens noch einen Nobelpreis in Physik, für die Erklärung der Supraleitung und ist der einzige Physiker, der zwei Nobelpreise in diesem Fach erhielt. Dabei war der primäre Zweck des Bell Labors, das von der damaligen Monopoltelefongesellschaft ATT finanziert wurde, nicht die Grundlagenforschung, sondern die Entwicklung neuer Techniken für die Kommunikation. Die Zerschlagung von ATT in mehrere Einzelgesellschaften versetzte dem Bell Labor letztendlich einen Schlag, von dem es sich nie mehr erholte. Ich meine, dass die USA damit eine wichtige nationale Ressource verloren haben. Man hätte es auch auf nationaler Basis weiter finanzieren können. Andererseits war die Zerschlagung von ATT unvermeidlich, denn die Firma hatte ein Monopol für den amerikanischen Telefonmarkt. Die Preise für Telefongespräche sanken nach der Aufteilung deutlich.

Als wir aber damals in New Jersey ankamen stand Bell noch in voller Blüte und bot eine ideale Atmosphäre für einen jungen Forscher. Zunächst mussten wir sesshaft werden, was jedoch relativ einfach war.

Wir kamen zunächst bei Freunden, Erhard und Britta Sittig unter, die wir von Palo Alto her kannten. Erhard war ebenfalls vor kurzem bei Bell eingetreten. Wie alle anderen Kollegen wollten wir möglichst schnell ein eigenes Haus. Das war einerseits sehr leicht, denn es gab eine Fülle von Angeboten auf dem Immobilienmarkt. Andererseits war es genau deshalb durchaus schwierig, eine Auswahl zu treffen. Während ich schon bei Bell arbeitete, besichtigte Uschi über 30 Häuser und wusste zum Schluss nicht mehr, wie sie sich entscheiden sollte. Ich besichtigte eine engere Auswahl und wir kauften schließlich ein schönes, nicht allzu großes Haus. Es war aus Steinziegeln gebaut, ungewöhnlich für diese Gegend, denn die meisten Häuser waren aus Holz. Unser Haus lag in Murray Hill, ganz in der Nähe von Bell, so dass ich in fünf Minuten zu Fuß zur Arbeit gehen konnte. Demzufolge brauchten wir nur ein einziges Auto. Wir hatten ein 4.000 Quadratmeter großes Grundstück, das zur Hälfte aus Wald bestand. Murray Hill liegt im Einzugsbereich von New York, wovon wir auch reichlich Gebrauch machten. Sowohl mit der Bahn, als auch mit dem Auto brauchte man etwa eine dreiviertel Stunde nach Manhattan. Viele unserer Nachbarn arbeiteten in New York. Uschi war auch öfter an Wochentagen alleine in der Stadt. Wir hatten die New York Times als Tageszeitung abonniert, was für einen Europäer ein großer Vorteil war, denn die meisten Zeitungen in USA sind außerordentlich provinziell. Die Sonntagszeitung war besonders informativ und wog mehrere Pfund. Das Meiste war zwar Werbung, aber es war immer noch genug, um den ganzen Sonntag damit zu verbringen.

Wir lebten uns schnell ein, obwohl es eine große Umstellung im Vergleich zu Kalifornien war. Die Ostküste war damals noch stärker europäisch geprägt, und auch das Klima mit vier Jahreszeiten erinnerte an zu Hause. Bald wurde unser Sohn Oliver geboren, im Overlook Hospital in Summit. Zu diesem Ereignis kam meine Schwiegermutter Hilde aus

Deutschland zu Besuch und erwies sich als eine große Hilfe. Überhaupt verband mich ein enges Verhältnis mit ihr, sie war nie die gefürchtete Schwiegermutter für mich. Später besuchte uns auch der Schwiegervater, vor allem um Zeit mit seinen Enkelkindern zu verbringen. Oliver blieb nicht alleine, denn zwei Jahre später kam seine Schwester Claudia Nicole, genannt Nicole oder Niki zur Welt. Insgesamt verbrachten wir eine sehr glückliche Zeit in New Jersey.

Auch beruflich war die Zeit bei Bell sehr erfolgreich. Ich bekam ein eigenes Labor mit einem gut ausgebildeten Techniker (John McGlassen) und konnte meine Arbeit weitgehend selbst bestimmen. Auch an Geräteausrüstung war alles vorhanden. Vorgegeben war nur der große Rahmen: Ich sollte mich mit der physikalischen Aufklärung von Problemen befassen, die bei der Entwicklung und Produktion von Halbleiterbauelementen auftraten. Das kam meinen eigenen Neigungen sehr entgegen, da ich mich immer mehr für Anwendung als für Grundlagenforschung interessiert habe. Auch die Zeit bei Shockley hatte mich in dieser Ansicht bestärkt. Er hatte als Parole ausgegeben: „Respect for the scientific aspect of practical problems" und meinte damit, erst wenn man die physikalischen Grundlagen eines Problems erkannt hatte, konnte man Sinnvolles dagegen unternehmen.

Ein großes Problem war damals die Grenzfläche zwischen Silicium und Siliciumdioxid an der Kristalloberfläche von Silicium, die noch völlig unverstanden war. Bevor ich die Ergebnisse beschreibe, muss ich ein paar Worte über das Umfeld verlieren. Bei meinem ersten Rundgang durch die neue Arbeitsgruppe fiel mir Ed Nicollian auf, weil er so fröhlich und unbekümmert wirkte. Ich beschloss von Anfang an, mit ihm zusammenzuarbeiten. Es wurde eine sehr fruchtbare Zusammenarbeit. Ed, der bis dahin alleine und ohne groß aufzufallen vor sich hingeforscht hatte, lebte in dieser Zusammenarbeit auf. Wir hatten viele angeregte Diskussionen über unsere gemeinsame Arbeit und kamen so immer wieder zu interessanten Resultaten. Zusammen schrieben wir viele Veröffentlichungen und hielten viele Vorträge. Obwohl ich oft die wesentlichen Beiträge zu unseren Arbeiten geliefert hatte, ließ ich ihm bei den meisten unserer Arbeiten den Vortritt als erstem Autor, was ich mir erlauben konnte, denn ich war ja schon recht bekannt. Das beeindruckte ihn ungemein und wir blieben zeitlebens gute Freunde.

Unser Forschungsthema war die Siliciumoxid-Grenzfläche. Die Siliciumoberfläche wird zunächst bei hoher Temperatur in einer Sauerstoffatmosphäre, die auch mit Wasserdampf angereichert sein kann, oxidiert. Um elektrische Untersuchungen durchführen zu können, wird ein Metallfleck aufgedampft, wodurch eine MOS (Metal-Oxide-Semiconductor) Struktur entsteht. Es ist erstaunlich, wie viel Information man aus einer so einfachen Struktur herausholen kann. Während meiner fünf Jahre währenden Zeit bei Bell beschäftigte ich mich fast ausschließlich mit diesem Element, das nichts anderes ist als ein Kondensator, dessen Kapazität aber von der angelegten Spannung abhängig war. Ohne Spannung war die Kapazität hoch und nahm dann mit zunehmender Spannung ab, da sich dann im Silicium eine isolierende Raumladungszone ausbildete, die wie ein in Serie geschalteter Kondensator wirkte. So sollte es zumindest theoretisch sein. In Wirklichkeit blieb bei unseren p-typ-Proben und den der meisten der anderen Beobachter die Kapazität nicht unten, sondern stieg mit weiter ansteigender Spannung wieder an, so dass sich eine Kurve mit einem ausgeprägten Minimum ausbildete. Es gelang uns nach relativ kurzer Zeit dieses Rätsel zu lösen. Damals wurde die Oxidation nicht unter so extrem sauberen Bedingungen durchgeführt wie heute üblich. Es waren daher immer Natriumverunreinigungen in der Grenzfläche eingebaut, die eine positive Ladung verursachten. Dass es Natriumverunreinigungen waren, wusste man damals noch nicht. Das wurde später von Andy Grove bei

Fairchild herausgefunden. Grove wurde später Vorstandsvorsitzender von Intel als Nachfolger von Noyce, aber damals war er noch Wissenschaftler und wir hatten auf diversen Tagungen engagierte Diskussionen. Diese Ladungen wiederum verursachten eine Elektroneninversionsschicht an der Oberfläche, die die ganze Oberfläche leitend machte. So konnte trotz einer Raumladungsschicht der Wechselstrom von der Metallelektrode in die leitende Oberflächenschicht einkoppeln und sich über die ganze Oberfläche ausbreiten, so dass die Kapazität auch bei positiven Spannungen anstieg. Das konnten wir zunächst bei befreundeten Labors vorstellen und später auf einer Tagung sowie als Manuskript veröffentlichen.

Als Nächstes befassten wir uns mit Oberflächenzuständen an der Grenzfläche. Mit unserer Messbrücke für Kapazität konnte man auch die Leitwerte, d. h. elektrische Verluste in einem Kondensator messen. Wir beobachteten bei der Messung der Spannungabhängigkeit der MOS Kapazität immer im Bereich der größten Kapazitätsänderung eine Zone, in der die Leitfähigkeit erst anstieg und dann wieder abfiel. Ich vermutete, dass das mit der Umladung von Oberflächenzuständen zusammenhing. Oberflächenzustände sind erlaubte Zustände innerhalb des verbotenen Bandes, die an der Oberfläche waren. Wir arbeiteten lange und intensiv an der Aufklärung der Zusammenhänge und entwickelten daraus eine Messmethode für Dichte und Energieniveau dieser Zustände, die MOS-Conductance-Technik. Im Gegensatz zur etablierten Sichtweise stellte sich heraus, dass die Oberflächenzustände nicht einzelne Niveaus waren, sondern ein Kontinuum bildeten.

Ein bekannter deutscher Wissenschaftler, der ebenfalls in USA arbeitete, hatte bei elektrochemischen Untersuchungen diskrete Zustände gemessen. Daher hatte ich große Bedenken, unsere Ergebnisse zu veröffentlichen, tat es aber schließlich doch. Diese Resultate wurden bald von anderen bestätigt und sind seither Grundlage der Physik der

Si-SiO$_2$-Grenzfläche. Die neuesten Ergebnisse wurden jeweils auf der IEEE Device Research Tagung dargestellt. Ich erinnere mich an viele angeregte Diskussionen, die wir mit Kollegen von anderen Firmen hatten. Einer meiner Gesprächspartner war auch Andy Grove. Später wurde er Chef von Intel und dadurch weltbekannt. Leider fiel der Termin der Tagung fast immer mit unserem Hochzeitstag und Uschis Geburtstag zusammen, aber ich konnte mir nicht leisten, diese Tagung zu versäumen. Überhaupt musste meine Familie oft Opfer für meine Karriere bringen, da ich unter anderem viel von zu Hause abwesend war. Eine meiner Entdeckungen hatte weitreichende Folgen, die ich selbst allerdings nicht rechtzeitig erkannte. Ich hatte entdeckt, dass Minoritätsladungsträger in einer MOS-Struktur nur sehr langsam abklingen, nachdem die Spannung abgeschaltet war. Meine damaligen Vorgesetzten, George Smith, Abteilungsleiter, und Bill Boyle, der Direktor machten daraus eine praktische Anwendung, für die sie später den Nobelpreis bekamen.

Die CCDs, die Charge Coupled Devices konnte man für verschiedene Zwecke einsetzen. Das Prinzip ist, dass man eine an der Oberfläche, z. B. mit Licht erzeugte Ladung über verschiedene benachbarte MOS-Kondensatoren durch geschickte Spannungsführung an den Rand verschieben und dort auslesen kann. Darauf beruhen heute noch die meisten elektrischen Kameras und sonstigen Bildaufnahmegeräte. Die beiden erhielten allerdings den Nobelpreis erst in sehr hohem Alter, so dass sie nicht mehr viel davon hatten, da sie längst in Rente waren. Bill Boyle starb bereits nach einem Jahr, über Smith weiß ich nichts, außer dass er sehr früh in Ruhestand ging, um seiner Leidenschaft, dem Segeln, zu frönen. Als ich später zu einem Kurzaufenthalt bei Bell war, kam die Nachricht, dass er in der Südsee gerade in Neuseeland angekommen war.

Gern erinnere ich mich auch an die Zusammenarbeit mit Volker Heine, einem sehr angesehen jüdischen Theoretiker, der aus Deutschland fliehen musste und es in den USA sehr weit gebracht hatte. Er arbeitete immer wieder als Gastwissenschaftler bei Bell und so hatte ich Gelegenheit, mit ihm die quantenmechanischen Eigenschaften von Oberflächenzuständen zu studieren, woraus auch eine gemeinsame Veröffentlichung entstand. Überhaupt begegnete ich keinerlei Ressentiments von Juden gegen mich als Deutschen, was ja durchaus denkbar gewesen wäre. Diese edle Haltung hat mich immer wieder beeindruckt. Obwohl ich selbst mit der Judenverfolgung in Deutschland nichts zu tun hatte, da ich zu jung war, hat man als Deutscher Juden gegenüber immer Schuldgefühle. Trotzdem hatte ich viele jüdische Freunde und war später auch oft in Israel, wo ich, mit einer Ausnahme, sehr freundlich aufgenommen wurde.

Hans Queisser, mit dem ich schon bei Shockley war, kam ein Jahr später auch zu Bell und wir hatten sowohl beruflich, als auch familiär wieder enge Kontakte. Er blieb aber nur etwa zwei Jahre, denn bald erhielt er einen Ruf nach Deutschland als Professor in Frankfurt. Später wurde er Direktor an einem neu gegründeten Max-Planck-Institut in Stuttgart. Auch Shockley traf ich wieder bei Bell, denn er war wieder als Berater dort tätig und kam regelmäßig dorthin.

Nach einigen Jahren wurde ich zum Supervisor befördert. Ich hatte eine kleine Gruppe von Wissenschaftlern mit ihren Technikern unter mir, wobei sich die administrativen Pflichten in engen Grenzen hielten. So konnte ich jeweils meine Mitarbeiter mit Ideen versorgen und selektiv mit ihnen zusammenarbeiten, was ideal für wissenschaftliche Kreativität war. Uschi meint, dass das meine glücklichste Zeit war. Abends konnte ich nach getaner Arbeit mich ohne Sorgen der Familie widmen, allerdings unterbrochen von durch Tagungen und Laborbesuche verursachter Abwesenheit.

Aber auch die Zeit bei Bell kam langsam zu einem Ende. Ich hatte nie den Gedanken aufgegeben, irgendwann einmal wieder nach Deutschland zurückzukehren. Eine Bewerbung um einen Lehrstuhl in Aachen war nicht erfolgreich gewesen, was mich aber nicht weiter schmerzte, da ich bei Bell sehr zufrieden war. Eines Tages empfing ich einen ungewöhnlichen Besucher, Dr. Schulze vom Bundesverteidigungsministerium. Er deutete an, dass er auf der Suche nach einem neuen Leiter für ein Fraunhofer-Institut in Freiburg war und ob ich interessiert sei. Das war ich und so nahm die weitere Geschichte ihren Anfang. Über das Institut selbst wusste ich nichts, aber in Freiburg war ich von Kalifornien aus einige Male beruflich gewesen. Die Firma Clevite nämlich, die das Shockley Labor übernommen hatte, war auch Eigentümer einer deutschen Firma, Intermetall in Freiburg. So kam es, dass ich und meine Kollegen einige Male in Freiburg waren, um dort die neuesten Technologien zu vermitteln. Freiburg gefiel mir gut und es hatte noch dazu den Vorteil, in der Nähe meiner Schwiegereltern zu sein, die in Karlsruhe wohnten und sich natürlich sehr freuten, als sie von dieser Möglichkeit hörten.

Freiburg und das IAF

Ich wurde eingeladen, mir das Institut in Freiburg anzusehen, was ich auf einer meiner Europareisen auch tat. Es erschien mir sehr altmodisch und wenig effektiv. Das lag an seinem Leiter und Gründer, Prof. Mecke, der damals schon über siebzig war und das Institut, das IEW (Institut für Elektrowerkstoffe, später habe ich es in IAF, Institut für Angewandte Festkörperphysik umbenannt), neben seinem Universitätslehrstuhl für physikalische Chemie leitete. Beide führte er nach althergebrachter Ordinarien-Art mit streng gegliederter Hierarchie. Schulze hatte mich schon vorher gewarnt, dass Mecke sich gegen seine Ablösung vehement wehren würde, aber dass ich auf seine Aussagen nicht allzu viel Wert legen sollte. Er empfing mich äußerst herablassend und sagte sofort, dass es nicht in Frage käme, ihn abzulösen. Er könnte sich allenfalls vorstellen, dass ich Abteilungsleiter in seinem Institut werden könnte. Ich wusste aber, dass sein Ausscheiden längst beschlossen war, aber es wurde mir auch klar, welche Schwierigkeiten auf mich warteten, falls ich das Angebot annehmen würde.

Ich ließ mich auf das Abenteuer ein und nahm das Angebot an. Uschi war nicht begeistert, denn sie hatte sich gut in Amerika eingewöhnt und scheute sich vor der Enge in Deutschland. In USA gab es viele Annehmlichkeiten, vor allem für Familien, z. B. Windeldienste für Kleinkinder, leicht verfügbare Haushaltshilfen und vieles andere. Ihre Bedenken waren auch berechtigt, da Deutschland damals immer noch rückständig war. Für mich war die Umstellung weniger problematisch, denn ich konnte mich gleich in die Arbeit stürzen, die prinzipiell nicht so unterschiedlich war.

Der Auszug aus unserem gewohnten Haus in New Jersey war eine traurige Angelegenheit, als wir ansehen mussten, wie unsere Habseligkeiten nach und nach eingepackt wurden. Die Kinder verstanden noch nicht, was passierte, aber sie weinten. Eine liebe Nachbarin brachte uns Essen, da wir ja nicht mehr kochen konnten.

Den Umzug machten wir per Schiff, denn Uschi war schon früher mit dem Schiff über den Atlantik gefahren, was sie sehr genossen hatte. Da ich beim Umzug auch mehr Zeit zur Verfügung hatte, war ich einverstanden und fand meine erste Seereise ebenfalls sehr schön. Vorher verbrachten wir noch eine Nacht in New York in einem schönen Hotel am Central Park. Unser Schiff für die Überfahrt war die Michelangelo, ein sehr schönes italienisches Schiff, das damals noch drei Klassen hatte. Wir fuhren in der zweiten Klasse, die aber sehr viel Komfort bot. Das Abendessen mussten wir häufig unterbrechen, weil wir vorher in der Kabine die Kinder schlafen legten und alleine lassen mussten. Während des Essens mussten wir uns immer wieder ablösen, um nach den Kindern zu sehen. Seit jener Zeit liebte auch ich Seereisen und wir gingen später oft auf interessante Kreuzfahrten. Auch unsere Kinder und jetzt sogar die Enkelkinder sind von Seereisen begeistert.

Die Reise endete in Genua und der Beginn in Europa war chaotisch. Wir hatten Bahnfahrkarten erster Klasse von Genua nach Karlsruhe gebucht, wo zunächst die Familie bei Uschis Eltern wohnen sollte. Als wir zum Bahnhof kamen, hieß es: Die Eisenbahner streiken, es fährt kein einziger Zug. Niemand wusste, wie lange der Streik dauern sollte. So bezogen wir ein Hotel gegenüber dem Bahnhof und ich schaute voller Ungeduld immer wieder in den Bahnhof, ob sich etwas geändert hätte. Am zweiten Tag verlor ich die Geduld und mietete am Nachmittag kurzerhand ein Auto, um damit nach Deutschland zu fahren. Wir zogen blitzschnell aus dem Hotel aus und packten alles in das Auto, das im Haltevorbot geparkt war. Es war bereits später Nachmittag, als wir losfuhren und eine lange Reise stand uns bevor. Oliver war vorne angeschnallt und

Uschi hatte Niki auf dem Schoß, denn es gab keine Kindersitze. Ich fuhr die ganze Strecke. Damals gab es noch keinen Gotthardtunnel, so dass wir den Pass mit seinen vielen Kurven überqueren mussten. Endlich, um zwei Uhr nachts kamen wir in Karlsruhe an, das Haus war hell erleuchtet und Uschis Eltern empfingen uns voll Freude. Wir hatten natürlich unsere Ankunft vorher angekündigt.

Der Anfang in Freiburg war sowohl privat als auch beruflich nicht einfach. Anders als in USA gestaltete sich die Wohnungssuche schwierig. Zunächst wohnte ich alleine als Untermieter bei einer alten Dame, deren Haus wir vielleicht kaufen sollten. Davon nahmen wir jedoch schnell wieder Abstand, als sie plötzlich erklärte, in einem dunklen Raum im Keller weiter wohnen zu wollen. Schließlich fanden wir ein Reihenhaus in Haslach im Westen von Freiburg, was eher ein Arbeiterviertel war, aber wir wohnten sehr gerne dort, da vor allem unsere Kinder dort viele Spielkameraden fanden.

Im Institut musste ich vieles umorganisieren und vor allem alte Zöpfe abschneiden. Mit Mecke hatte ich nur anfangs Schwierigkeiten. Er hatte sich, ohne mich zu fragen, ein eigenes Zimmer als Büro eingerichtet und plante vor allem seine Doktoranden weiter zu betreuen. Da sich aber seine Gesundheit zunehmend verschlechterte, war er nicht mehr oft im Institut und starb schon nach einem Jahr. Mehr Probleme gab es mit seinem Sohn, der auch Physiker war und den er zum Abteilungsleiter gemacht hatte. In seiner Abteilung passierte nicht viel und er selbst war selten anwesend, da er behauptete, nur nachts arbeiten zu können. Es gelang schließlich, ihn zu entlassen, obwohl, wie ich schnell bemerkte, es in Deutschland viel schwieriger war, sich von Mitarbeitern zu trennen.

Eine große Hilfe war während meiner ganzen Zeit in diesem Institut Dr. Gerhard Meier, er war Spezialist für Flüssigkristalle und betrieb in einer kleinen Abteilung Grundlagenforschung auf diesem Gebiet. Nebenher machte er aber auch für Mecke die gesamte Verwaltungsarbeit, insbesondere die Etatplanung und Überwachung. Er hatte eine ausgesprochene Begabung auf diesem Gebiet und machte diese Arbeit auch gerne. Ganz im Gegensatz zu mir. Ich erledigte die notwendige Verwaltungsarbeit zwar und wahrscheinlich auch nicht schlecht, aber mein Hauptinteresse galt immer der Wissenschaft. Manches musste ich selbst entscheiden, aber vieles, was nicht so wichtig war delegierte ich. Mit Herrn Meier gelang mir wissenschaftlich ein sehr guter Anfang. Ich hatte kurz vor meiner Abreise aus den USA einen Vortrag von George Heilmeier von RCA über eine neue Möglichkeit, Displays mit Flüssigkristallen zu realisieren, gehört und war sehr beeindruckt. Herr Meier überraschte mich, als er mir in seinem Labor diesen Effekt vorführen konnte. Ich unterstützte ihn in der Zukunft in seinen Arbeiten, obwohl das Gebiet für mich fachfremd war. Aus Meiers Abteilung gingen viele Neuentwicklungen auf dem Flüssigkristallgebiet hervor, die auch zu wichtigen Patenten führten. Leider wurde die Abteilung unter einem meiner Nachfolger aufgelöst, da es in Deutschland kein Interesse an Displayentwicklung mehr gab, da die gesamte Industrie nach Japan abgewandert war. Aber noch über viele Jahre verdiente die Fraunhofer-Gesellschaft an den Flüssigkristallpatenten. Unsere damalige Arbeit verhalf auch der Firma Merck zu einer führenden Stellung in der Herstellung von Flüssigkristallen. Einer meiner Doktoranden, der unter Meier promoviert hatte, wurde sogar später Vorstandsvorsitzender von Merck.

Ein anderer Mitarbeiter des damaligen IEW beeindruckte mich ebenfalls. Das war Dr. Jürgen Schneider, später Professor Schneider. Er war ein exzellenter Wissenschaftler, der ausschließlich auf seine Wissenschaft fokussiert war. Sein Fachgebiet war die Spin Resonanz von III-V Verbindungen. Mecke hatte ihn toleriert und weitgehend alleine gelassen. Obwohl ich auch davon wenig verstand, war mir sofort klar, welche Qualität hinter seinen Arbeiten steckte. Ich ließ ihn weitgehend selbst über seine Arbeiten entscheiden, was sich auch bewährte, denn im Laufe der Jahre machte er bahnbrechende Arbeiten, die ihn sehr berühmt machten. Er erhielt dreimal einen Ruf auf einen Lehrstuhl als ordentlicher Professor und lehnte jedes Mal ab, obwohl er damit viel mehr verdient hätte. Immer sagte er, so gute Arbeitsmöglichkeiten wie am IAF hätte er nirgends. Vor allem scheute er die mit einem Ordinariat verbundenen Verwaltungsaufgaben.

Ein großes Problem stellte die Anbindung an die Universität dar. Die physikalische Fakultät lehnte zunächst jeden Kontakt mit dem Institut ab, denn wir waren gleich in doppelter Weise verdächtig. Einmal betrieben wir, wie in bei Fraunhofer vorgegeben, angewandte Forschung, was bei den Grundlagenforschern verpönt war, denn man verkauft sich nicht an die Wirtschaft. Aber noch schlimmer: Das Institut wurde vom Verteidigungsministerium grundfinanziert. Das wurde als Kriegsforschung gesehen. Dabei forschten wir nur an Halbleitermaterialien, deren Anwendung zwar militärisch möglich war, die aber hauptsächlich von zivilem Interesse waren. Im Lauf der Zeit wurde aber alles viel besser. Ich erhielt vom Kultusministerium die Ernennung zum Honorarprofessor und damit die Erlaubnis, an der Universität Vorlesungen zu halten und Doktoranden anzuleiten.

Außerhalb des Instituts war ich hauptsächlich in zwei Richtungen tätig, Zum einen in Fachorganisationen, wie dem IEEE (Institute of Electrical and Electronic Engineers), wobei ich vor allem Fachtagungen organisierte. Zum anderen im Einsatz als Gutachter für das Forschungsministerium, das damalige BMFT, das ein größeres Programm zur Unterstützung der deutschen Halbleiterindustrie hatte. Unser Gutachterausschuss bestand außer mir noch aus Prof. Engl und Prof. Beneking, beide aus Aachen, Prof. Queisser, mit dem ich hier wieder zusammenarbeitete und Prof. Ruge aus München, der ebenfalls Leiter eines Fraunhofer-Instituts war. Ich habe sehr positive Erinnerungen an die Zusammenarbeit mit den Kollegen in diesem Gremium, die immer sehr harmonisch und reibungslos verlief. In diesem Rahmen war ich sehr viel unterwegs zu Sitzungen und Firmenbesuchen.

Letztlich war unsere Arbeit aber nicht von Erfolg gekrönt, denn die Abwanderung der Industrie nach Japan und USA konnte nicht verhindert werden. Aber auch von dort wanderte das Meiste weiter nach China und Taiwan.

Die Sonnenenergie

DIE ANFÄNGE

Ich hätte mein berufliches Leben als Direktor des IAF bequem beenden können, aber als ich auf die 50 zuging, begann ich, neue Pläne zu schmieden. Ein Motiv war, dass ich mehr und mehr in Routine verfallen war und nicht mehr viel Neues beitragen konnte.

Ich werde heute oft gefragt, wie ich gerade auf die Sonnenenergie kam, die damals als Energiequelle überhaupt nicht ernst genommen wurde. Zunächst faszinierte mich die Studie des Club of Rome über die „Grenzen des Wachstums". Ich fand die Schlussfolgerungen überzeugend und halte sie auch heute noch für richtig, obwohl damals die Zeitmaßstäbe völlig falsch eingeschätzt wurden. Es erschien mir einleuchtend, dass man, da die fossilen Energieressourcen endlich sind, eine unerschöpfliche Energiequelle, wie die Sonne nicht außer Acht lassen konnte. Ein guter Ausgangspunkt war, dass wir am IAF an einer neuen Idee der Sonnenenergieumwandlung zu arbeiten begonnen hatten. Es kam aber auch hinzu, dass mich immer schon Aufgaben besonders gereizt haben, die für unlösbar gehalten wurden. Keine besondere Rolle spielte für mich der Widerstand gegen Kernenergie, der in Freiburg wegen des geplanten Atomkraftwerks in Wyhl am Kaiserstuhl besonders vehement war. Mir war es wichtiger, einen positiven Beitrag zu leisten als auf die Barrikaden zu steigen. Allerdings erwies sich die Stadt Freiburg und Umgebung als ein fruchtbarer Nährboden für das Unterfangen. Rolf Böhme, der damals

Staatssekretär im Finanzministerium und später Freiburger Oberbürgermeister war, setzte sich sehr für die Anlauffinanzierung des neuen Instituts ein, da er schon wusste, dass er später Oberbürgermeister werden würde. Es lag auch sehr nahe, das neue Institut in Freiburg zu gründen, da die anfänglichen Mitarbeiter bereits in Freiburg ansässig waren. Für mich selbst traf das auch zu, da ich zunächst für längere Zeit beide Institute gleichzeitig zu leiten hatte.

Ich fasste also den Beschluss, ein neues Institut für Sonnenenergie zu gründen. Die Realisierung war alles andere als einfach. Schon während der Gründung und auch später gab es viel Gegenwind. Vor allem konnte niemand einsehen, dass man diese Energiequelle auch in Deutschland nutzen konnte.

Ich hatte bereits am IAF eine Arbeitsgruppe Solarenergie eingerichtet, die den Grundstock für das spätere ISE, Institut für Solare Energiesysteme bildete.

Schließlich konnte ich den damaligen Präsidenten der Fraunhofer-Gesellschaft, gegen den vehementen Widerspruch seiner Forschungsplanungsabteilung, die argumentierte, dass man dazu nie Aufträge aus der Industrie erhalten könne, überzeugen Wir hatten aber bereits vor der Institutsgründung derartige Aufträge, allerdings waren das Unteraufträge von öffentlichen Projekten. Das Institut wurde schließlich 1981 gegründet, nach mehreren Jahren Vorlaufzeit. Wichtig war mir der Systemaspekt, d. h. es sollten nicht nur einzelne Komponenten entwickelt, sondern von Anfang an das Gesamtsystem berücksichtigt werden. Dieses Konzept, das sich im Namen widerspiegelt, hat Jahrzehnte überdauert. Heute, wo das Institut über tausend Mitarbeiter hat, trägt es immer noch, obwohl es zwei Leitern untersteht.

Die meisten meiner damaligen Physikerkollegen hatten kein Verständnis für mein gewagtes Vorhaben. Meine Frau erzählt gerne die Geschichte, wie sie bei einer Physikertagung von einem Kollegen beiseite genommen wurde und gefragt wurde ob ihr Mann noch ganz richtig im Kopf sei. Eine andere Geschichte ist folgende: Bei Vorträgen fragte ich manchmal die Zuhörer, was sie schätzten, wieviel mehr Sonnenstrahlung es in der Sahara im Vergleich zu Deutschland gibt. Die Antworten lagen zwischen 10 und 100fach, in Wirklichkeit ist der Faktor 2,5. Es hat sich allerdings bewahrheitet, dass ich während meiner ganzen Amtszeit große Probleme hatte, die Arbeit des ISE zu finanzieren. Die Finanzierung über staatliche Projekte war noch möglich, aber ich hatte zusätzliche Probleme mit der Fraunhofer-Gesellschaft, die in den Budgetgesprächen immer wieder auf hohen Einnahmen aus der Wirtschaft bestand.

Im IAF hatte ich bereits eine kleine Arbeitsgruppe für Sonnenenergie eingerichtet. Der Ausgangspunkt war die Display-Gruppe, wo an einer neuen Technik gearbeitet wurde, um LCDs besser lesbar zu machen (leider sind sie auch heute noch immer schlecht ablesbar). Dazu wurde eine Platte aus durchsichtigem Material, z. B. Plexiglas mit einer geringen Menge Fluoreszenzfarbstoff dotiert. Der Farbstoff absorbierte von außen kommendes Licht und strahlte es innerhalb der Matrix gleichmäßig nach allen Richtungen wieder ab. Verursacht durch den Brechungsunterschied zwischen dem Matrixmaterial und der umgebenden Luft konnte nur ein geringer Teil des Lichts entweichen, der Rest blieb gefangen und konnte nur an den Kanten austreten, die hell strahlten. Für Displayzwecke wurde die Platte mit lichtstreuenden Ziffern oder dergleichen hinterlegt, wo das Licht ausgekoppelt werden konnte. Dieses Prinzip hatte leider nur ein kurzfristiges Dasein im Markt, bei Wanduhren, wurde dann wieder aufgegeben, da den Kunden die Farbe der Ziffern nicht gefiel. Aber für Reklamezwecke findet es immer wieder Verwendung.

Es gab aber noch andere Möglichkeiten. Zusammen mit W. Greubel aus der Displaygruppe entwickelte ich die Idee, dass man damit auch

Sonnenergie gewinnen könnte. Ich entwarf eine ausführliche Theorie zu diesem Konzept, die auch bald veröffentlicht wurde. Der Fluoreszenz-kollektor (FLUKO) bildete einen Einstieg in die Arbeiten des Instituts. Ein anderer lag auf thermischem Gebiet, worauf ich später eingehen werde. Wesentlich war mir dabei nicht der kommerzielle Erfolg der Idee, sondern die Innovation, denn ich wollte auf keinen Fall das Institut mit etwas Althergebrachtem beginnen, nur um auch dabei zu sein. Dieser Arbeit blieb allerdings der praktische Erfolg versagt. Am Anfang fehlten uns die nötigen Fluoreszenzfarbstoffe, um höhere Wirkungsgrade zu erzielen. Daher begann ich auch eine Zusammenarbeit mit meinem alten Freund Christoph Rüchardt, der Chemieprofessor an der Universität war. Rüchardt kannte ich aus unserer gemeinsamen studentischen Marionettentheaterzeit. Er wurde bald darauf Rektor der Uni Freiburg und erwarb sich große Verdienste durch Gründung der Technischen Fakultät der Universität. Diese Fakultät wurde ein bedeutender Teil der Universität. Heute profitieren das ISE und alle Freiburger Institute der Fraunhofer-Gesellschaft von der Zusammenarbeit mit dieser Fakultät.

Letztlich musste das FLUKO Projekt aber aufgegeben werden, da der Fortschritt zu langsam war. Bis heute wird das Konzept aber immer wieder an verschiedenen Stellen neu aufgegriffen und weiterbearbeitet. Es gibt heute auch bessere Farbstoffe, jedoch sehe ich die Anwendung allenfalls nur in Nischenmärkten, da die herkömmlichen Siliciumsolarzellen heute so billig und gleichzeitig gut geworden sind. Aus dieser Arbeitsgruppe wurde schließlich die Abteilung für Energiespeicherung, die ja gerade für Solarsysteme extrem wichtig ist.

Am Anfang gab es nur eine vom IAF abgetrennte Arbeitsgruppe ASE (Arbeitsgruppe Solarenergie), die aus je nach Zählweise aus 14 bis 24 Mitarbeitern bestand, was daran lag, dass einige Mitarbeiter nur in Teilzeit in der Solargruppe arbeiteten. Das Personal bestand aus zwei führenden Leuten, nämlich außer mir noch Dr. Armin Räuber, der auch die Funktion des Stellvertretenden Institutsleiters übernahm und die Materialabteilung leitete.

Die Struktur des Instituts blieb lange Zeit gleich, obwohl sich die Arbeitsinhalte stark änderten. Die Photovoltaikgruppe, die sich zunächst mit der Entwicklung des Fluko befasste, wurde rasch auf Silicium-Solarzellen erweitert. Obwohl die Technik im Grunde bekannt war, sah ich noch viel Entwicklungspotential, was sich später auch bewahrheitete. Genau wie in der Mikroelektronik wurde das kristalline Silicium immer wieder für bald aussterbend erklärt, aber man unterschätzte das Potential dieses Materials. Mir war das aus meinem früheren Arbeitsgebiet bekannt, so dass ich daran festhielt, obwohl es immer wieder gut gemeinte Ratschläge gab, in die Dünnschichttechnik einzusteigen. Insbesondere das amorphe Silicium, das ein völlig anderes Material ist, galt lange Zeit als das Material der Zukunft, es erreichte aber nie die erforderlichen Wirkungsgrade. Am Rande möchte ich bemerken, dass in Japan, wo die Forschung stärker zentralisiert ist, alles auf amorphes Silicium ausgerichtet wurde. Japan hat dadurch viele Jahre verloren.

Ich suchte nach einem Abteilungsleiter für die Siliciumgruppe, was gar nicht einfach war, denn es gab keine Forscher mit einschlägiger Erfahrung. Ich fand schließlich Bernhard Voss, der bei BBC Leistungshalbleiter entwickelt hatte. Das sind großflächige Bauelemente, bei denen es sehr auf Trägerlebensdauer ankommt. Beides trifft auch auf Solarzellen zu. Er brachte auch Dr. Knobloch mit sich, der ein ausgezeichneter Fachmann war und zu einer großen Stütze der Solarzellenentwicklung am ISE wurde. Damals herrschte nämlich große Unzufriedenheit in der Belegschaft der BBC Halbleiterfabrik, wovon das ISE profitierte.

Ich sollte hier noch ein weiteres Ereignis nennen, das sich langfristig sehr nachteilig für das ISE auswirken sollte. Ich war der Ansicht, dass man bei kristallinem Silicium wesentlich höhere Umwandlungswirkungsgrade erreichen konnte, wenn man die damals schon sehr weit entwickelten Methoden der Halbleitertechnologie anwenden würde. Das wäre natürlich wesentlich teurer geworden als die damals benutzten primitiven Methoden der Solarzellenherstellung, aber mir ging es zunächst darum, die prinzipielle Machbarkeit nachzuweisen. Ich stellte daher einen entsprechenden Forschungsantrag. Als ich das Projekt bei einem Gutachtergremium vorstellte, stieß ich auf viel Kritik. Insbesondere die Industrievertreter hielten nichts davon. Ihre Argumentation war: Wir wollen nur 10% Wirkungsgrad und möglichst billig. So wurde der Antrag abgelehnt. Gleichzeitig begann Prof. Martin Green in Sydney, Australien die gleiche Entwicklung. Er war unbehindert durch Gutachtergremien und erzielte Weltrekordwirkungsrade am laufenden Band. Er hatte einige chinesische Promotionsstudenten, die später nach China zurückkehrten und einen wesentlichen Anteil an der schnellen Entwicklung der chinesischen Solarzellenindustrie hatten. Es hat sehr lange gedauert, bis das ISE wieder mit Rekordwirkungsgraden aufwarten konnte.

Eine weitere Abteilung des ISE sollte sich mit Systemtechnik befassen. Ich suchte dafür einen geeigneten Kandidaten und fand einen sehr fähigen Mann, nämlich Dr. Jürgen Schmid. Er kam aus einer ganz anderen Sparte, nämlich der Fusionsforschung, aber ich hatte einen sehr guten Eindruck von ihm, was sich auch bewahrheiten sollte. Er war voller neuer Ideen und hatte auch als Ingenieur die praktische Begabung, um sie zu realisieren. Als Erstes realisierte er in München die erste photovoltaische Versorgung eines Wohnhauses in Deutschland. Bei der Einweihung stellte er sein Improvisationsgeschick unter Beweis. Es war geplant, dass der bayerische Wirtschaftsminister durch einen Druck auf einen roten Knopf eine photovoltaisch versorgte Kochplatte einschalten sollte. Es lief alles wie geplant ab, aber in Wirklichkeit lief bei einem Testlauf alles schief. Vor allem der Wechselrichter versagte. Schmid änderte schnell die Schaltung, so dass die Kochplatte durch den Knopfdruck an das öffentliche Netz geschaltet wurde. Niemand hat jemals erfahren, was damals wirklich vorging.

Bald darauf erfand Schmid einen neuen trafolosen Wechselrichter. Er beruhte auf einem völlig neuen Prinzip. Er unterteilte einen Solargenerator in eine Anzahl kleinerer Teile, die elektronisch schnell so zusammengeschaltet wurden, dass eine Sinuswelle resultierte. Das Prinzip wurde zum Patent angemeldet und dann auch von mindestens einer Firma produziert. Aus diesen Arbeiten entstand die Tradition der Wechselrichterentwicklung am ISE, die auch heute noch einen guten Ruf hat.

Eine weitere wichtige Arbeitsgruppe am ISE war die thermische Solarenergiegewinnung, an deren Arbeiten ich auch selbst großen Anteil nahm. Leiter dieser Abteilung wurde Dr. Volker Wittwer, der sich schon am IAF mit diesem Thema beschäftigt hatte. Ausgangspunkt war wiederum eine Neuheit, nämlich die transparente Wärmedämmung, die von Wittwer, Schmid und mir gemeinsam ausgedacht wurde. Sie besteht aus einer Folienstruktur aus Kunstsoff- oder Glasmaterial, wobei die Folien senkrecht zur zu dämmenden Fläche stehen. Die Sonnenstrahlen werden zwar an den Folienoberflächen schwach reflektiert, aber die Reflexion ist verlustfrei. Diese Isolation ist nicht echt transparent, sondern eher transluzent, aber wir bevorzugten die Bezeichnung transparent, weil wir die Lichtdurchlässigkeit betonen wollten. Diese Art der Dämmung funktionierte gut, besonders für thermische Kollektoren und ganze Hausfassaden, konnte sich aber schließlich doch nicht durchsetzen, da inzwischen Verglasungen thermisch ähnlich gut wurden.

Ein großes Projekt lag mir besonders am Herzen, nämlich das Energieautarke Solarhaus. Es sollte ein Einfamilienhaus werden, das als einzige Energiequelle die Sonne verwendet. Das war wiederum ein fast unmöglich zu verwirklichendes Vorhaben. Diese Art Energieautarkie hängt sehr von der geographischen Lage des Objekts ab. In südlichen, sehr sonnigen Breiten wäre es unschwer zu verwirklichen gewesen, aber hierzulande gibt es im Winter fast keine Sonneneinstrahlung. Es war also langfristige Energiespeicherung erforderlich, und zwar nicht nur für Wärme, sondern auch für Strom. Für saisonale Wärmespeicherung gab es bereits eine Lösung in der Schweiz, nämlich einen riesigen Wassertank in das Gebäude einzubauen. Das gefiel mir nicht, einerseits wegen des gewaltigen Aufwands, andererseits war damit immer noch nicht das Problem der Stromspeicherung gelöst. Ich beschloss die damals noch völlig unbekannte Wasserstoffspeicherung zu wählen. Das ganze Projekt war ein großes Wagnis mit vielen Unbekannten, aber versprach auch großen technischen Fortschritt. Es sollte alle Entwicklungen des Instituts in einem Vorhaben zusammenfassen und die verschiedenen Abteilungen involvieren.

Für die Langzeitspeicherung entschieden wir uns für Wasserstoffgas, das unter Druck in einem Tank gespeichert war. Die Heizung, soweit sie nach all den anderen Maßnahmen noch nötig war, sollte durch Verbrennung von Wasserstoff erfolgen. Für die Stromgewinnung war eine Brennstoffzelle vorgesehen. Diese Technik war damals noch vollkommen unentwickelt, aber wir hatten eine eigene Brennstoffzellenentwicklung am Institut. Die Brennstoffzelle erwies sich später auch als die Schwachstelle des Projekts. Aus heutiger Sicht ist das verständlich, denn diese Entwicklung hat noch sehr lange gedauert und ist immer noch nicht zu Ende. Damit die Speicherung überhaupt gelingen konnte, musste der gesamte Energieverbrauch minimiert werden. Die Vorbereitungen dauerten entsprechend lange. Ich berief regelmäßige Projektbesprechungen ein, mit allen Beteiligten am Institut sowie von außen den Architekten und der ausführenden Firma. Mit dem ersten Architekten funktionierte die

Zusammenarbeit nicht, da er nicht einsah, dass durch die thermischen Simulationen auch die geometrische Form des Gebäudes vorgegeben war. Er wurde dann durch einen zugänglicheren, nämlich Herrn Hölken ersetzt. Für das Haus bekamen wir ein Grundstück durch die Unterstützung des Oberbürgermeisters Böhme, der schon bei der Gründung des Instituts geholfen hatte.

In der ganzen Zeit war ich auch sehr viel außerhalb des Instituts beschäftigt. Ich hielt Vorträge auf Tagungen und war in vielen fachlichen Komitees tätig. In meiner neuen Position musste ich viel mehr in der Öffentlichkeit auftreten als zuvor. Ich musste Stellungnahmen abgeben, trat in Diskussionen auf und vieles mehr. Obwohl mir das eigentlich gar nicht liegt, unterzog ich mich diesen Anforderungen. Auch mancherlei Ehrungen blieben nicht aus. Ich erhielt fast alle internationalen Solarpreise, die Universitätsmedaille der Albert Ludwigs Universität Freiburg, die Baden-Württembergische Verdienstmedaille und das Bundesverdienstkreuz 1. Klasse. Das Europäische Patentamt hat mich 2009 zum Erfinder des Jahres erwählt.

Das Energieautarke Solarhaus war mein Abschiedsprojekt am ISE, denn ich erreichte die Altersgrenze von 65 Jahren, die damals bei der FhG noch streng galt. Während meines letzten Jahres als Institutsleiter trat noch eine sehr kritische Situation für den Bestand des Instituts auf. Im Forschungsministerium wurde von einflussreichen Beamten die Ansicht vertreten, dass die Sonnenenergie unnötig sei und das Institut geschlossen werden sollte. Ich bekämpfte diese Entwicklung auf politischer Ebene, wobei ich mir zunutze machte, dass die Erneuerbaren Energien in der Öffentlichkeit sehr beliebt waren, während gerade im Forschungsministerium immer noch die Kernenergiefreunde das Sagen hatten. Ich schrieb einen Brief an den Petitionsausschuss des Bundestags, in dem ich die bedrohliche Lage des Instituts beschrieb. Prompt erfolgte eine Resolution, dass das ISE erhalten werden sollte. Dieses Vorgehen wäre normalerweise höchst gefährlich gewesen, denn man sollte nie die Beamten, von denen man abhängig ist, verärgern, denn die vergessen nie etwas, während Politiker ganz anders sind. Ich konnte mir das aber erlauben, denn ich ging ja ohnehin bald in Ruhestand. Die Förderung für mein Lieblingsprojekt, das Energieautarke Haus, wurde zwar sehr schnell beendet, aber das ISE war erhalten.

Währenddessen lief bereits die Suche nach einem Nachfolger. Wie üblich bei der Fraunhofer Gesellschaft hatte ich keinerlei Einfluss auf die Auswahl. Ich war aber mit Prof. Joachim Luther aus Oldenburg, der schließlich den Ruf erhielt und auch annahm, sehr einverstanden.

Der (nicht so ruhige) Ruhestand

Nachdem ich die Institutsleitung abgegeben hatte, fühlte ich mich noch nicht alt genug, um meine Arbeit, die mir immer viel Spaß bereitet hatte, aufzugeben. Nach einem längeren Urlaub kehrte ich wieder ans ISE zurück. Der neue Institutsleiter Joachim Luther stellte mir ein Büro zur Verfügung, das war alles, was ich brauchte. Ich hatte einen Computer, der durch die Instituts IT gewartet wurde und konnte die Bibliothek mit allen Fachzeitschriften benützen. Lange Zeit hatte ich auch einen kleinen Beratervertrag. Ich schrieb weiter Veröffentlichungen und beteiligte mich an Projekten, die ich schon vor meinem Ruhestand begonnen hatten.

Als neue Initiative startete ich eine Firma, nämlich einen Ableger einer Schweizer Firma, der TNC Consulting. Diese war Jahre zuvor von meinem späteren Compagnon Thomas Nordmann gegründet worden. Er hat unter anderem die erste PV-Anlage auf einer Autobahn-Schallschutzwand bei Chur realisiert. Seine Firma hieß TNC Consulting, wobei das TN von Thomas Nordmann kam. Er kam eines Tages auf mich zu und fragte, ob ich bereit wäre, mit ihm zusammen eine Tochterfirma in Deutschland zu gründen. Das Ziel sollte die Errichtung ähnlicher Autobahnprojekte in Deutschland sein. Ich hatte gerade ein Patent für die Anwendung von Bifacialzellen in Schallschutzwänden angemeldet. Folglich stieß der Vorschlag bei mir auf großes Interesse.

Leider erwies sich PV auf Schallschutzwänden in Deutschland als wenig tragfähig, obwohl gerade ringsum ein großer Boom von Solaranlagen ausbrach. Das waren aber relativ einfache Anlagen auf Hausdächern oder später großflächige PV auf Freiflächen. Ursache des Booms war das neue Erneuerbare-Energien-Gesetz, das Investoren von derartigen Anlagen eine kostendeckende Vergütung versprach. Dieses Gesetz verdanken wir zwei Bundestagsabgeordneten, nämlich Hans-Josef Fell von den Grünen und Hermann Scheer von der SPD. Die Idee war, durch Ankurbelung des Marktes die Produktion großer Stückzahlen anzuregen und dadurch die Preise zu senken. Basis ist die Lernkurve, die besagt, dass in doppelt logarithmischer Auftragung zwischen Produktionszahl und Marktpreis ein linearer Zusammenhang besteht. Dieses empirische Gesetz entfaltete eine ungeahnte Wirkung. Für mich war es eine Erfüllung der kühnsten Träume, überall immer mehr Solaranlagen auf den Hausdächern zu sehen. Schließlich hatten wir im ISE einen großen Teil der technischen Voraussetzungen für das Entstehen dieser Industrie geschaffen. An meinem 85ten Geburtstag veranstaltete das ISE eine Feier, auf der ich selbst den Festvortrag hielt, wobei das Thema die Lernkurve und deren Auswirkung auf die Photovoltaik war. Dieser Effekt ist genau wie erwartet eingetreten, so dass heute die Photovoltaik so billig ist, dass sie mit herkömmlichen und weniger sauberen Energiequellen konkurrieren kann. Für fast alle Experten kam diese Entwicklung ziemlich überraschend.

Im Rahmen der TNC Aktivitäten hatten wir verschiedene Entwicklungsvorhaben eingeworben, die ich mit von TNC finanzierten Mitarbeitern am ISE betreute. Hervorzuheben ist eine Testanlage an der Autobahn München-Lindau für neue Konzepte für PV Schallschutzwände. Diese wurden von verschiedenen Firmen mit staatlicher Unterstützung erstellt und existieren heute noch.

Auch nach meinem Ruhestand war ich weiter forschend tätig, ich war sogar froh, dass ich der lästigen Verwaltungsaufgaben ledig war. Ich hatte einen Forschungspreis, nämlich die „Karl Böer Medal of Merit" erhalten, der auch mit Geld dotiert war. Es ist üblich, solche Preisgelder in die Forschung zu stecken. Das tat ich auch in diesem Fall, wodurch ich in der Lage war, zwei Diplomanden zu beschäftigen. Ich versuchte, eine neue Methode in der Lichttechnik zu entwickeln, nämlich Fenster, die das direkte Sonnenlicht reflektieren und nur für diffuses Licht transparent sind. Das ist eine sehr schwierige Aufgabe, da die Sonne während der Tages- und Jahreszeiten aus einem großen Bereich des Himmels auf eine gegebene Fläche strahlt. Ich hatte aber theoretisch eine Möglichkeit gefunden, die ich mit einem der Diplomanden erfolgreich erprobte. Allerdings wurde das Konzept nicht fertig entwickelt, da die Werkzeuge für die Herstellung der Plastikelemente zu teuer waren.

Am ISE verfolgte ich mit einigen Wissenschaftlern auch andere Projekte aus der Lichttechnik, die vor allem zu wissenschaftlichen Erkenntnissen und Veröffentlichungen führten. Überhaupt ist es viel leichter, interessante Wissenschaft zu betreiben, wenn man sich nicht um die technische Verwertbarkeit kümmern muss.

Schon ehe das ISE gegründet war, schrieb ich eine Veröffentlichung, in der ich den Vorschlag machte, auf Freiflächen PV und Landwirtschaft zu verknüpfen. Wenn man die PV-Module nämlich in ausreichender Höhe aufstellt und einen gewissen Abstand zwischen ihnen vorsieht, dann fällt noch genügend Sonnenstrahlung auf den Boden, um dort Wachstum der meisten Nutzpflanzen zu ermöglichen. Während meiner ganzen Zeit am ISE stellte ich immer wieder Förderanträge bei verschiedensten Stellen, um dieses Prinzip zu testen, die aber stets abgelehnt wurden. Erst in jüngster Zeit, als ich längst nicht mehr Leiter des ISE war, konnte ein größerer Versuch auf einem Feld nördlich des Bodensees begonnen werden. Solange ich noch mein Büro am ISE hatte, war ich noch in beratender Funktion bei diesem Projekt beteiligt. Der Hintergrund des erneuten Interesses an diesem Konzept ist, dass es eine Konkurrenzsituation zwischen Freiflächen PV und landwirtschaftlicher Nutzung gibt, die man auf diese Weise entschärfen könnte. Es hat also mehr als 30 Jahre von der Konzeption bis zur Realisierung gedauert. Vielleicht bin ich auch nur meiner Zeit voraus gewesen. Zurzeit ist noch keineswegs sicher, ob diese Doppelnutzung sich auch durchsetzen wird, da vor allem die Wirtschaftlichkeit erst erwiesen werden muss.

Zum Abschluss eine private Note.

Ich bin nun im 92ten Lebensjahr. Obwohl ich lange Zeit Atheist war, bin ich seit 30 Jahren gläubiger Christ. Als Naturwissenschaftler ist es mir nicht leichtgefallen, zum Glauben zu kommen. Ich verdanke es vor allem meiner Frau Ursula, die viele Jahre lang für mich gebetet hat.

Als Motto meiner Todesanzeige wünsche ich mir daher folgenden Satz aus dem ganz frühen Christentum:

Credo quia absurdum. *(ich glaube, weil es absurd ist)*

Verfasser unbekannt,
zitiert von Tertullian und Augustinus

Messung von PV-Modulen auf dem Dach des Fraunhofer ISE.
©Fraunhofer ISE

Prof. Dr. Adolf Goetzberger beim Doppeljubiläum 350 Jahre Rappenecker Hütte und 25 Jahre Solarstromversorgung des Berggasthofs, 2012. ©Fraunhofer ISE

Die Belegschaft des Fraunhofer-ISE zur Zeit der Institutsgründung auf dem Dach in der Oltmannsstraße, 1981. ©Fraunhofer ISE

Leitungsteam des Fraunhofer ISE (v.l.): Dr. Jürgen Schmid, Dr. Armin Räuber, Burkard Holder, Dr. Konstantin Ledjeff, Prof. Dr. Volker Wittwer, Prof. Dr. Adolf Goetzberger, nicht auf dem Foto ist Prof. Dr. Wolfram Wettling, 1991. ©Fraunhofer ISE

Transparente Wärmedämmung (TWD), ein frühes Forschungsthema am Fraunhofer ISE. ©Fraunhofer ISE

Fluko-Uhr am ersten Standort des Fraunhofer ISE in der Oltmannsstraße. ©Fraunhofer ISE

Mit Fluko Platte, 1984. Quelle: Lufthansamagazin

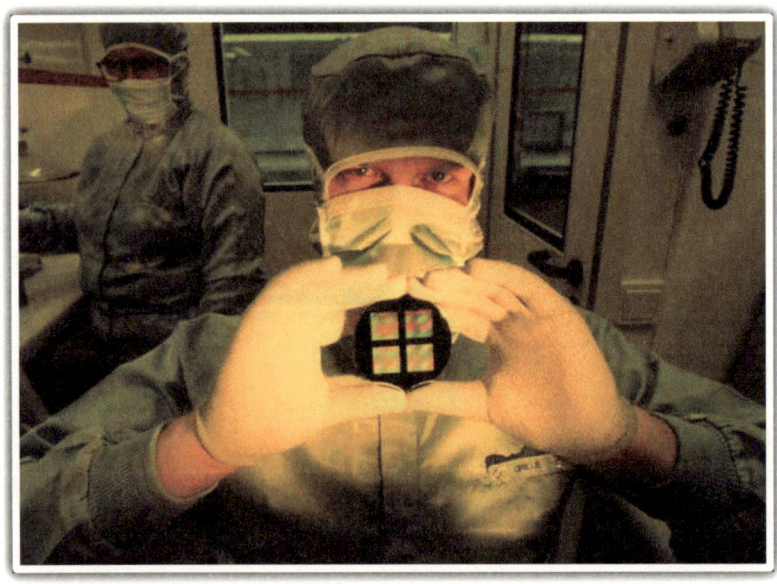

Erste Ergebnisse aus dem Reinraum des Fraunhofer ISE, 1995.
©Fraunhofer ISE

Im Ruhestand, 1990. ©Fraunhofer ISE

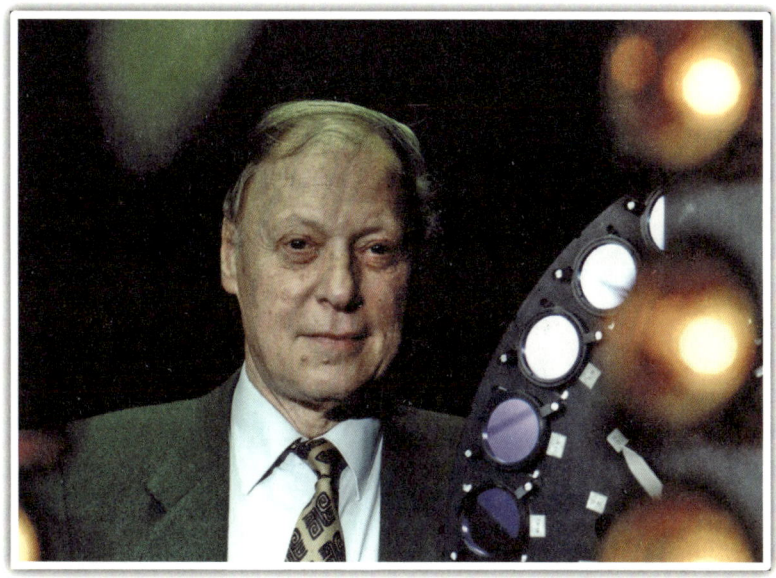

Im Optiklabor, 1990. ©Fraunhofer ISE

Zum 70. Geburtstag: Das Energieautarke Solarhaus als Torte. Im Hintergrund v.l.n.r. Volker Wittwer, Karsten Voss, Wilhelm Stahl, Joachim Luther. ©Fraunhofer ISE

»Energieautarkes Solarhaus Freiburg«, erstes Wohnhaus in Deutschland, das sich selbst mit Strom und Wärme versorgt. ©Fraunhofer ISE/Fototeam Vollmer.

Mit solar erzeugtem Wasserstoff betriebene Kochstelle im Energieautarken Solarhaus. ©Fraunhofer ISE

Prof. Dr. Adolf Goetzberger als Präsident der International Solar Energy Society, 1993. ©Fraunhofer ISE

Die Institutsleiter des Fraunhofer ISE im Jahr 2006. Prof. Dr. Adolf Goetzberger, der Institutsgründer (Mitte) und seine beiden Nachfolger Prof. Dr. Joachim Luther (r, 1993-2006) und Prof. Dr. Eicke R. Weber (l, 2006-2017).©Fraunhofer ISE

Mit ungarischem Staatspräsident bei Solar World Congress in Budapest als ISES Präsident, 1993. ©Fraunhofer ISE

*Vor dem Kloster Banz
(Bad Staffelstein), Ort der
Photovoltaik-Symposien,
1994. ©Fraunhofer ISE*

*12. PV SEC (European Photovoltaic Solar Energy Conference and Exhibition),
Amsterdam, 1994. ©Fraunhofer ISE*

Solar World Congress, Harare,
Zimbabwe, 1995.
©Fraunhofer ISE

Mit Ursula G. und Frau Prof. Sigrid Jannsen,1998. ©Fraunhofer ISE

Auszeichnung als Erfinder des Jahres durch das Europäische Patentamt. Überreicht durch die Präsidentin, Alison Jane Brimelow, 2009. ©Fraunhofer ISE

Ansicht der sanierten Villa Tannheim mit TWD-Verbundsystem. Seit 1995 Sitz der „International Solar Energy Society" (ISES). ©Fraunhofer ISE

Kleine Photovoltaik-Anlage in Pulimarang, Nepal, dem ersten mit Solar Home Systemen versorgten Dorf im zentralen Himalaya - aus der projektbegletenden Fraunhofer ISE-Studie im Frühjahr 1995. ©Fraunhofer ISE

Agri-Photovoltaik - Doppelnutzung einer Ackerfläche für PV und Landwirtschaft, eine frühe Idee von Prof. Dr. Adolf Goetzberger wurde 2016 in einem Pilotprojekt realisiert. ©Hofgemeinschaft Heggelbach

Zeitzeugen

PROF. DR. PAUL SIFFERT

Von einer Idee zur Vision bis zur Krönung in der Villa Hügel

Wie viele Europäische „Post Doc's" in der Physik nach dem zweiten Weltkrieg reiste auch Adolf Goetzberger nach Amerika. Er wurde im Institut von William Shockley aufgenommen, einer der Väter der Halbleiterphysik und Erfinder der Transistoren. Das erwies sich als eine sehr kluge Wahl, die seinen Lebenslauf sehr beeinflusste. Zusätzlich war Shockley einer der wenigen Physiker und Chemiker in Amerika, die für die Entwicklung von Silicium für die kommende „solid state electronics-Ära" (und nicht Germanium) war. In Deutschland entwickelte Siemens schon das ReinstSilicium und dessen einkristalline Zucht[1]. Shockley erhielt schon 1956 den Nobelpreis für Physik, zusammen mit Bardeen und Brattain. Zudem erhielt Shockley 1954 den „Comstock Preis" der National Academy of Sciences. Im Rahmen dessen wurde er zu einem Vortrag an diese Akademie für den 26. April eingeladen. Sein Thema wurde aber kaum beachtet, da die Bell Labs die Entwicklung der ersten „Solar Battery" ankündigten. So standen vielmehr die Veröffentlichungen des Wall Street Journal sowie der New York Times (NYT) vom gleichen Tag im Mittelpunkt aller Diskussionen. Zum Beispiel schrieb die NYT: „*... may mark the beginning of a new era, leading eventually to the realization of one*

---

[1] W. Heywang, K.H. Zaininger „Silicon: the Semiconductor Material" Eds.
P. Siffert, E. Krimmel, in „Silicon" Springer (2004).

of mankind's most cherished dreams – the harnessing oft he almost limitless energy of the sun for the uses of civilisation".

Die Effizienz dieser „Batterie" betrug etwa 6%, und war damit mehrere Größenordnungen besser, als was die Sonne auf natürliche Art erreichen kann. Die Bell Labs arbeiteten schon mehrere Jahre an diesem Projekt, um auf dem Land die Energie für ihre Telefongeräte zu erzeugen. Jedoch bremsten die sehr hohen Kosten die Anwendung wieder, sie wurde deshalb zunächst nur für die Telekommunikation mit Satelliten benützt. Diese Entwicklung wurde natürlich unter den Physikern eifrig diskutiert und war letztendlich sicher der Keim von Goetzbergers **Idee**.

Ende der 60er kam Goetzberger als Direktor des Fraunhofer-Instituts für Angewandte Festkörperphysik nach Europa zurück. In diese Zeit reichen auch meine direkten Kontakte zu ihm zurück. In dieser Periode vertiefte er seine Darstellungen und entwickelte sie zu seiner **Vision** – die Energie für die Welt mithilfe der Sonne. Das in einer Zeit, in der nur sehr, sehr wenige Leute dies überhaupt für möglich hielten.

Also musste er zuerst die Agenturen, Verwaltungen, Professoren, aber auch die Zivilgesellschaft überzeugen. Er zeigte schnell, dass er den Willen und den nötigen Mut dazu hatte. Ein sehr großer Meilenstein war dabei natürlich die Gründung des Fraunhofer-Instituts für Solare Energiesysteme ISE.

Trotz seiner langjährigen Erfahrung in der Forschung und der Leitung eines Instituts war die Aufgabe sehr kompliziert, da das Umfeld nicht davon überzeugt war, dass die Solarenergie und die Erneuerbaren Energien die Zukunft sein könnten. Das von ihm ausgedachte Programm ging weit über die Photovoltaik hinaus, es waren auch verschiedene Felder aus Architektur und Bau vorgesehen.

Gleich nach der Gründung der ISE wurde ich von der Fraunhofer-Gesellschaft ins Kuratorium eingeladen und konnte dann über Jahre hinaus seine Entwicklung miterleben. In Frankreich wurde Mitte der 70er Jahre das „Commissariat à l'Energie Solaire" als Alter Ego zum CEA (Nuklear) gegründet. Die Physik-Abteilung des CNRS war zu jener Zeit an Anwendungen nur sehr wenig interessiert, so dass die Nuklearbranche mich eingeladen hatte, in dieses neue Gebiet einzusteigen. So kam ich nach Paris ins ad hoc PV-COMES Komitee.

Der Anfang des ISE, in einem Wohngebiet im Gebäude einer Polizeistation, war nicht ganz einfach. Bei den Kuratoriumssitzungen war immer auch ein Vertreter der Stuttgarter Landesregierung sowie ein Vorstandsmitglied der Fraunhofer-Gesellschaft aus München dabei. Letzterer zeigte immer ein universales Bild, welches die finanzielle Lage der unterschiedlichen Institute darstellte. Anfangs konnte die von ihm anvisierte Schwelle an Kontrakten nicht immer erreicht werden, da es noch keine EU-Förderung gab. Aber die Motivation war dennoch so stark, dass sich die Situation schnell änderte und sich das Institut bald in verschiedene Richtungen entwickelte.

Neben der wissenschaftlichen Entwicklung gab sich Adolf Goetzberger auch sehr viel Mühe, in vielen Bereichen das Interesse zu gewinnen, So reisten wir zusammen nach München ins Ministerium, aber auch nach China, zu einer Zeit, in der PV oder Windkraft noch, auch im Kreise der CAE, nahezu unbekannt waren.

Adolf Goetzberger erhielt seine ersten Preise schon vor der Solar-Ära, aber schließlich auch im Bereich der Photovoltaik aus zahlreichen wissenschaftlichen Gremien. Für mich ist die Krönung der Preis des Initiativkreises Ruhrgebiet mit der Teilnahme von Herrn Schultz, dem Generaldirektor von Thyssen-Krupp. Die Laudatio wurde von Herrn Alferov (Nobelpreisträger der Physik, für die Entwicklung der Heterostrukturen, die heute eine große Rolle in der PV spielen) gehalten. Der Preis wurde von Herrn Strohmann (Max-Planck-Gesellschaft), dem Präsidenten des Initiativkreises Ruhrgebiet, übergeben. Die Feierlichkeiten dauerten zwei Tage, es war auch eine erlesene Anzahl von Wissenschaftlern aus der ganzen Welt, von Japan bis Amerika, anwesend.

Kurz zusammengefasst: Durch seine Motivation und Überzeugung hat Professor Goetzberger einen neuen Weg eingeschlagen, hin zu Änderungen, die jetzt schon auf der ganzen Welt sichtbar sind.

Nur eines fehlt noch: Ganz nahe bei Freiburg ist die Schließung des Kernkraftwerks Fessenheim zwar ein Symbol. Aber es fehlt leider noch der Bau einer Mega-Fabrik in der Mitte von Europa zur Industrialisierung Erneuerbarer Energien im sehr großen Maßstab. Mit der europäischen Zusammenarbeit hapert es scheinbar noch ein wenig.

Paul Siffert

PROF. DR. VOLKER WITTWER

Nach meinem Physikstudium an der Technischen Universität München war Prof. Goetzberger mein erster richtiger Chef als Institutsleiter des Fraunhofer-Instituts für Angewandte Festkörperphysik.

Ich sollte dort ein neues Themenfeld im Bereich der Displayphysik aufbauen. Da mein Arbeitslabor direkt neben seinem Büro lag, hatte ich die Möglichkeit, ihm auch informell öfter über die ersten Ergebnisse meiner Arbeiten zu berichten. Dass wir beide in München studiert hatten, schaffte zumindest bei mir eine angenehme Vertraulichkeit. Auch wenn mein Arbeitsgebiet sicherlich nur am Rande des Interesses von Herrn Goetzberger lag, so fand jeder kleine Fortschritt doch anerkennende Worte von ihm.

1977 begann Herr Goetzberger, ausgelöst durch einen Effekt, den man zur besseren Lesbarkeit von Flüssigkristalldisplays einsetzen wollte, sich mit Solarenergie zu beschäftigen. Hier ging es um die Konzentration von diffusem Licht, welches man zur Umwandlung in elektrischen Strom mittels Solarzellen nutzen wollte.

1978 bekam ich die Aufgabe, diese neue Arbeitsgruppe zu leiten und war damit auch in die Planung der Ausgründung des neuen Fraunhofer-Instituts für Solare Energiesysteme eingebunden. Die ersten Ölkrisen waren einige Jahre vorbei, die Solarindustrie hatte einen kurzen Höhenflug gemacht, lag jedoch Dank der gesunkenen Energiepreise bereits wieder am Boden. Dieses Umfeld reizte Herrn Goetzberger zu zeigen, dass mit einem richtigen systemischen Ansatz der Nachweis für eine nachhaltige Energieversorgung gebracht werden kann.

Nach einer kurzen Probephase wurde das neue Fraunhofer-Institut für Solare Energiesysteme offiziell am 1. Juli 1981 mit einer Stammmannschaft von etwa 20 Leuten gegründet. Vieles in unserem neuen Institutsgebäude war noch provisorisch, aber die Einweihungsfeier auf dem Dach des Instituts war bereits sehr professionell und dauerte bis in den nächsten Morgen.

Alle Institutsmitglieder waren in einer beflügelnden Aufbruchstimmung und auch wenn die finanzielle Absicherung des Etats noch auf wackligen Beinen stand, war das kein Hindernis für schöne Feste.

Neben dem Fluoreszenz-Kollektor bildete die transparente Wärmedämmung ein zweites Schwerpunktthema der Arbeiten von Herrn Goetzberger. In unseren Träumen bildete der Fluoreszenzkollektor die Lösung für billigen Solarstrom und mit der TWD konnte man alle thermischen Probleme lösen: Häuser beheizen, Brauchwasser erwärmen, Prozesswärme erzeugen, Solarkocher bauen und Wärme über Wochen und Monate speichern.

Viele begeisterte Diplomanden und Doktoranden arbeiteten an der Umsetzung dieser Ideen, entwickelten neue Materialsysteme, angepasste Messverfahren und beschäftigten den nach einiger Zeit angeschafften ersten Computer mit aufwendigen Simulationsprogrammen zur Berechnung von Photonen- und Wärmeflüssen.

Das Forscherleben war damals noch nicht durch ein Zeiterfassungssystem geregelt, sondern jeder arbeitete nach eigener Vorgabe und Begeisterung. Freitagnachmittag hatten wir die Angewohnheit, die Höhepunkte der Woche noch mal Revue passieren zu lassen und wir fanden immer jemanden, der seine Ergebnisse bei einer Flasche Wein präsentieren wollte.

Da Herr Goetzberger der Ideengeber vieler Arbeiten war, interessierten ihn diese Treffen natürlich auch und meist klopfte es kurz nach dem Entkorken der Flasche an unserer Bürotür und Herr Goetzberger trat ein und häufig brachte er eine neue Idee mit. Es war immer eine lockere Stimmung und einer von uns verließ am späten Nachmittag das Zimmer mit einer neuen interessanten Problemstellung, die doch bitte mal über das Wochenende überdacht werden sollte. Am Montag durfte man dann Herrn Goetzberger die durchgeführten Rechnungen vorstellen und häufig hatte er dann bereits selbst eine einfache, aber richtige Grobabschätzung durchgeführt.

Ein Beispiel möchte ich hier konkret erwähnen. Bei einem dieser Treffen stellte Herr Goetzberger die Frage, ob es nicht sinnvoll sein könnte, Solarsysteme mit landwirtschaftlicher Nutzung zu kombinieren. Herr Zastrow, einer der damaligen Doktoranden, nahm sich dieser Fragestellung an. Nachdem Herr Goetzberger die Gleichungen berechnet hatte, wertete Herr Zastrow diese numerisch aus, allerdings nicht an einem Wochenende. Mit dem entstandenen Computerprogramm konnte die Lichtverteilung in Abhängigkeit von Abständen, Neigungswinkel und Orientierung berechnet werden. Damals war die Zeit noch nicht reif für diese Anwendung, aber fast 40 Jahre später konnte das Fraunhofer ISE die erste deutsche Agri-Photovoltaik-Anlage einweihen.

Das Institut wuchs langsam und Herrn Goetzberger war es wichtig, dass sich die Ergebnisse der Arbeiten zu einem Gesamtsystem zusammenfassen ließen. Jede Abteilung hatte natürlich ihre eigenen Schwerpunkte, aber die Mitarbeiterzahl war noch so klein, dass jeder jeden kannte und man bei Forschungsanträgen viel über abteilungsübergreifende Kooperationen nachdachte.

Ein wichtiges, wenn natürlich auch trauriges Ereignis in der Entwicklung des Instituts war die Reaktorkatastrophe von Tschernobyl. Die Politik war aufgewacht und unterstützte die Entwicklung Erneuerbarer Energien mit großzügigen Forschungsprogrammen. Das Institut konnte wachsen und in vielen Demonstrationsprojekten konnten erste Entwicklungen des ISE der Öffentlichkeit vorgestellt werden.

Höhepunkt im solaren Forscherleben von Herrn Goetzberger war sicherlich seine Idee, in einem groß angelegten Projekt zu zeigen, dass man mit vorhandener Technologie auch unter deutschen Klimabedingungen ein „Energieautarkes Solarhaus" bauen und bewohnen kann.

Das Projekt wurde vom Forschungsministerium und Industrie unterstützt und es flossen viele Entwicklungen des Instituts in die Planung und Umsetzung des Projekts ein.

Herr Goetzberger leitete dieses Projekt persönlich. Mitarbeiter aus allen Abteilungen waren beteiligt, und noch heute gilt das damals entwickelte Konzept der gekoppelten Energieversorgung als wegweisend für unsere geplante Energiewende: Heizenergie durch passive Maßnahmen (transparente Wärmedämmung, gute Fenster) stark reduzieren, Einsetzen von thermischen Kollektoren und thermischem Speicher für das Brauchwasser, Photovoltaik mit Batteriespeicher für die elektrische Versorgung, Nutzung des Überschussstroms im Sommerhalbjahr zur Erzeugung von Wasserstoff und Sauerstoff mit Speicherung in Gastanks. Einsatz einer Brennstoffzelle als Back-up System für den Strom und Nutzung von Wasserstoff zum Kochen (katalytisch). Das System funktioniert eigentlich auf Anhieb und die Familie eines Mitarbeiters bewohnte das Haus für etwa ein Jahr.

Noch heute prägt dieser gesamtenergetische Ansatz die Arbeiten des Instituts und dieses Know-How ist ein großer Vorteil gegenüber auf ein Fachgebiet spezialisierten Instituten.

Bereits damals hat Herr Goetzberger auch intensiv über die Einbindung eines Wasserstoff-betriebenen Autos mit gleichzeitiger Nutzung als Blockheizkraftwerk nachgedacht. Aber dazu war die Zeit noch nicht reif.

Herr Goetzberger hat die Entwicklung der Solarenergie in Deutschland maßgeblich mitgestaltet, und mit seinen Ideen und Gedanken hat er in Zusammenarbeit mit seinen jungen und begeisterten Mitarbeitern den

„ISE-Spirit" geschaffen, der auch heute noch das Leitbild des Fraunhofer ISE prägt.

Volker Wittwer

DR. JOACHIM LUTHER

Auf dem Weg zur Energiewende – Rückblick eines Beteiligten

Meine ersten persönlichen wissenschaftlichen Kontakte mit Prof. Goetzberger hatte ich Anfang der 1980er Jahre, als er sich in Freiburg mit der Gründung des Fraunhofer-Instituts für Solare Energiesysteme ISE befasste und ich mich mit Kollegen an der Universität Oldenburg mit den Gedanken trug die Arbeitsgruppe „Physik regenerativer Energiequellen" (PRE) zu gründen. Im folgenden Text möchte ich als „Zeitzeuge" insbesondere die Entwicklungen in Freiburg und Oldenburg in den 1980er Jahren beschreiben; darüber hinaus werde ich die generelle Situation von Forschung und Entwicklung auf dem Gebiet der erneuerbaren Energiequellen in der Bundesrepublik aus meiner damaligen Perspektive streifen. In meinen Ausführungen nimmt die Darstellung der Aktivitäten in Oldenburg einen vergleichsweise großen Raum ein; ich möchte so den Standpunkt, von dem aus ich die Entwicklung der 1980er Jahre beobachtete, verdeutlichen.

Das Forschungsumfeld Anfang der 1980er Jahre

Als Adolf Goetzberger 1981 das Fraunhofer-Institut für Solare Energiesysteme gründete, stellte das einen bedeutenden Schritt auf dem Weg zur Transformation unseres Energiesystems in Richtung Nachhaltigkeit dar.

Anfang der 1980er Jahre gab es im akademischen Bereich verglichen mit der Gesamtzahl der Forschungsgruppen an deutschen Universitäten und außeruniversitären Forschungseinrichtungen nur wenige Gruppen/ Institute, die sich mit dem Thema „Erneuerbare Energien" befassten. Mir sind insbesondere folgende in Erinnerung die ich unter dem Namen ihrer Leiter aufführe: Prof. Rudolf Sizmann, LMU München; Prof. Georg Ahlefeld, TU München; Prof. Werner Bloss, Prof. Lehner und Prof. Hahne, Universität Stuttgart; Prof. Hans Ackermann und Prof. W. Fuhs, Universität Marburg; Prof. Werner Kleinkauf, Universität Kassel; Prof. Jochen Fricke, Universität Würzburg; Prof. Hans-Günther Wagemann, TU Berlin; Prof. K. Zander am Hahn-Meitner-Institut für Kernforschung (HMI), Berlin; Prof. Carl-Jochen Winter, Deutsches Zentrums für Luft- und Raumfahrt (damals DFVLR) und unsere Gruppe an der Universität Oldenburg. Aus diesen Arbeitsgruppen sind viele bedeutende Solarforscher hervorgegangen, die in der Folge die Energiewende in Deutschland möglich gemacht und wesentlich mit vorangetrieben haben.

Bereits in ihrem „1. Programm Energieforschung und Energietechnologie 1977 – 80" legte die Bundesregierung den Plan vor, ein Programm „Technologien zur Nutzung der Sonnenenergie" zu realisieren. Es gab in der Folge einzelne Aktivitäten der Industrie zur Demonstration der neuen Energietechnologien und/oder zum Einstieg in dieses Technologiefeld; vielfach erfolgte dies mit der finanziellen Unterstützung des Bundesministeriums für Forschung und Technologie (BMFT). Exemplarisch nennen möchte ich das Projekt der MAN zur Windenergie (GROWIAN), die Aktivitäten der AEG und von Siemens zur terrestrischen Fotovoltaik (die AEG Aktivität war Teil des umfassenden Demonstrationsprojekts Pellworm) und die Unternehmungen der Firma Wacker zur Herstellung von Solarsilicium. Einen Markt für Komponenten und Anlagen regenerativer Energiesysteme, wie wir ihn heute kennen, gab es Anfang der 1980er Jahre in keiner Weise.

Daneben gab es erste umfassende wegweisende Studien, die das Bundesministerium für Forschung und Technologie in Auftrag gegeben hatte. Als Beispiel möchte ich die Arbeit von W. Kleinkauf, J. Nitsch und M. Meliß mit dem Thema „Energiequellen für morgen?" aus dem Jahr 1976 nennen.

Die Deutsche Gesellschaft für Sonnenenergie (DGS), 1975 gegründet, entwickelte sich bald zu einer Vereinigung, die breite Schichten der Bevölkerung (von Handwerkern über überzeugte Bürger bis zu Akademikern) ansprach. Die DGS propagierte die Nutzung regenerativer Energiequellen mit viel Engagement und publizierte die erste deutschsprachige Zeitschrift, die „Sonnenenergie", in der einschlägige Themen aus Wissenschaft und Anwendungspraxis behandelt wurden. Prof. Goetzberger war Vizepräsident der DGS von 1989 bis 1993 und Präsident der DGS von 1993 bis 1997. Vieles aus der Arbeit der DGS ist in der Festschrift zu ihrem 30-jährigen Bestehen 2005 „Auf dem Weg in die solare Zukunft" – Herausgeberin Prof. Sigrid Jannsen – berichtend zusammengefasst. Diese Publikation enthält – über die Entwicklung der DGS hinaus – mehrere kundige und umfassende Artikel von Zeitzeugen der rasanten Entwicklung der solaren Energietechniken.

Die Gründung des Fraunhofer ISE

In diesem Umfeld wurde das Fraunhofer ISE von Prof Goetzberger am 1. Juli 1981 gegründet. Die Gründung eines Instituts zum Thema Solarenergienutzung war innerhalb der Fraunhofer-Gesellschaft (FhG) hoch umstritten. Dass es dennoch zu Gründung des ISE kam ist der Hartnäckigkeit von Prof. Goetzberger und der Unterstützung des damaligen Präsidenten der FhG, Dr. Heinz Keller, zu verdanken.

Das ISE war nicht nur ein weiteres wissenschaftlich-technologisches Institut, das sich die Erforschung der erneuerbaren Energieversorgung zu Aufgabe machte, sondern der weithin sichtbare Einstieg der FhG in dieses durchaus umstrittene Feld der Energieversorgung. Eine Grundidee der Fraunhofer-Gesellschaft und ihrer Institute war und ist es, eine Brücke zwischen Grundlagenforschung und industrieller Anwendung zu schlagen und damit, im konkreten Fall des ISE, den Aufbau eines völlig neuen Energiesystems entscheidend voranzubringen.

In einigen der Großforschungseinrichtungen der Bundesrepublik, die auch zu einer solchen Schwerpunktsetzung in der Lage gewesen wären, gab es zwar in kleinem Umfang Ansätze, sich z.B. mit der Photovoltaik zu befassen, generell war aber die Großforschung im Energiebereich Anfang der 1980er Jahre auf die konventionelle Energietechnik, vor allem die der Kernenergie – fokussiert.

Das Gründungsteam um Adolf Goetzberger – dem als wichtige Mitstreiter unter anderem Dr. Armin Räuber und Dr. Volker Wittwer angehörten – zeigte eine beeindruckende Weitsicht bei der Ausrichtung des neuen Instituts. Es wurde ein „Institut für Solare Energiesysteme" gegründet; der Systemgedanke stand also von Anfang an im Vordergrund. Das Institut befasst sich seit seiner Gründung mit der Energiebereitstellung, der Energiespeicherung und der effizienten Nutzung der einzelnen Energieflüsse im Verbund. Im Einzelnen waren die Schwerpunkte: Solarzellenentwicklung, (anfangs auch) Windenergie, solar-thermische Energiegewinnung, solare Gebäudetechnik, Speichertechnik (thermisch und elektrochemisch – Wasserstoff), Leistungselektronik sowie elektrische und thermische Systemtechnik.

Zwei Punkte möchte ich hervorheben: (i) von Anfang an wurden die Energieversorgung elektrischer Verbraucher und die Energieversorgung des Gebäudesektors (Wärmeversorgung) als gleich wichtig für die Energieversorgung eines Industrielandes angesehen und bearbeitet und (ii) in der Solarzellenentwicklung konzentrierte sich das ISE schon bald nach der Gründung neben der III/V Technologie schwerpunktmäßig auf die Silicium-Wafer-Technologie. Letzteres war durchaus sehr umstritten; der Dünnschicht Photovoltaik wurden von vielen Forschern die weitaus größeren Chancen eingeräumt. Im ISE dachte man aber von einer zukünftigen industriellen Produktion und von einem potenziellen Markt her; wahrscheinlich waren Überlegungen zu Ressourcenverfügbarkeit, Modularität, prinzipiell hohem Wirkungsgrad, technischer Lebensdauer, Recyclierbarkeit und der Übernahme von Erfahrungen aus der Halbleiterindustrie für die Schwerpunktsetzung entscheidend gewesen. Diese Fokussierung auf die Silicium-Wafer-Technologie aus der Anfangszeit des ISE ist bis heute beibehalten worden.

Ein wichtiges Projekt, das die Expertise des ISE umfassend zusammenfasste, war das „Energieautarke Solarhaus" (ES). Dieses Vorhaben war ein „Herzensprojekt" von Prof. Goetzberger: ein energieautarkes Einfamilienhaus am Standort Freiburg wurde ganzjährig ausschließlich mit Sonnenenergie versorgt. Als Solarenergiewandler kamen thermische Kollektoren und Photovoltaische Module zum Einsatz; die saisonale Energiespeicherung erfolgte über ein Wasserstoffsystem bestehend aus Elektrolyseur, Druckspeicher und einer Brennstoffzelle für die Stromversorgung sowie katalytischer Wasserstoffbrenner für die Wärmebereitstellung. Das ES wurde am 30.10.1992 eingeweiht. Unter meiner Leitung wurden die Arbeiten am ES durch das engagierte ES-Team fortgesetzt. Insbesondere konnte eine noch fehlende professionelle Brennstoffzelle 1994 als Leihgabe aus der Industrie besorgt werden; anschließend wurde ein einjähriger vollständig energieautarker Betrieb des Gebäudes realisiert.

Die Anfänge der Arbeitsgruppe „Physik regenerativer Energiequellen" an der Universität Oldenburg

Die Universität Oldenburg wurde 1973 gegründet. Im gleichen Jahr wurde ich als erster Experimentalphysiker an die Universität berufen. Meine Arbeitsgebiete waren anfänglich angewandte Laserphysik und ozeanographische Laserfernerkundung.

Die Situation an vielen Universitäten war in den 1970er Jahren durch eine starke Anti-Kernkraft Bewegung gekennzeichnet. Für Physiker stellte dies in mehrfacher Hinsicht eine Herausforderung dar: zum einen sich mit den Grundlagen und Gefahren der Kernenergienutzung auseinander zu setzen, zum anderen gegebenenfalls Alternativen für eine zukünftige Energieversorgung zu entwickeln – auch und insbesondere für ein Industrieland wie die Bundesrepublik.

Aus letzterer Fragestellung und angeregt durch die Publikationen wie die des „Club of Rome" entstand Mitte der 1970er Jahre die interdisziplinäre Arbeitsgruppe „Altec" (Alternative Technologien der Rohstoff – und Energienutzung), die sich mit diesem Fragenkomplex auseinandersetzte. Als ein Ergebnis unserer Überlegungen publizierte ich 1977 ein kurzes Papier mit dem Titel „Sonnenenergie – eine Alternative zur Kernenergie" (ohne Fragezeichen!)[1]. Unsere Arbeiten waren aber rein theoretischer Natur; zu experimentellen Arbeiten fehlten uns schlicht die Ressourcen.

Eine Chance dies zu ändern bot sich, als für die Naturwissenschaften der Universität Oldenburg Anfang der 1980er Jahre ein eigener Gebäudekomplex geplant und realisiert wurde. Wir konnten in diesem Zusammenhang ein alleinstehendes Laborgebäude – das „Energielabor" – zur Forschung auf dem Gebiet der Erneuerbaren Energien realisieren. Das Gebäude sollte (i) als Geräteträger für Solarenergie- und Windenergiekonverter dienen, (ii) ein Messlabor zur Analyse der Energieflüsse des Gebäudes aufnehmen, (iii) ein Labor zur Forschung an Energiespeichertechnologien besitzen und (iv) und Seminar-, Vortrags- und Arbeitsräume enthalten. Das Energielabor sollte ohne Anschluss an öffentliche

---

[1] Zitat: Joachim Luther: Sonnenenergie – eine Alternative zur Atomenergie, Kritisches Tagebuch, Heft 1/1977

Energienetze betrieben werden. Die geplante Energieversorgung funktionierte ausschließlich über die erneuerbaren Energiequellen Sonne, Wind und Biomasse; als Energiespeicher wurden ein großer Batteriespeicher und ein saisonaler Warm-Wasser-Speicher installiert (später kam ein experimentelles Wasserstoffsystem hinzu). Bedauerlicherweise konnte aus logistischen Gründen die Biomasseversorgung an der Universität nicht sichergestellt werden. Der Energiefluss aus Biomasse wurde durch extern zugeliefertes Methan simuliert (aber messtechnisch genau erfasst).

Die Planungsgruppe bestand aus Prof. Sigrid Jannsen (Biomasse), Prof. Wolfgang Schmidt (Windenergie), Dr. Hansjörg Gabler (System- und Messtechnik), Dr. Jörn Behnsen (Architektur) und mir (Solarenergie).

1982 wurde das „Energielabor" fertiggestellt. Der Betrieb dieses komplexen Energiesystems und die wissenschaftliche Forschung daran stellten eine derart große zeitliche Herausforderung dar, dass ich 1982 beschloss, meine angestammten Forschungsfelder aufzugeben und mich voll den regenerativen Energiesystemen zu widmen: wir gründeten die Arbeitsgruppe „Physik regenerativer Energiequellen" (PRE). Für wertvolle Ratschläge zur inhaltlichen Ausrichtung der Arbeitsgruppe bin ich insbesondere den Kollegen Prof. Sizmann, Prof. Goetzberger und Prof Kleinkauf dankbar.

Ziel der wissenschaftlichen Arbeiten am Energielabor war es unter anderem, die einzelnen Komponenten des Energiesystems zu vermessen und zu modellieren, um auf dieser Basis großflächige zukünftige Energiesysteme sicher simulieren zu können. Die Modellierung erfolgte dabei nicht in Form einer summarischen jährlichen Energiebilanzanalyse, sondern bereits zeitaufgelöst (Ein-Stunden-Takt) um sicherzustellen, dass Energiebereitstellung und Bedarf (unter Berücksichtigung von Speicherkapazitäten) jederzeit im Gleichgewicht waren und so die Modelle eine sichere Energieversorgung für das Industrieland Bundesrepublik Deutschland erwarten ließen. Wichtig für die Aussagekraft der Simulationsergebnisse war es, räumlich und zeitlich aufgelöste, zuverlässige Datensätze für Solarstrahlung und Windenergie über viele charakteristische Jahre hinweg zur Verfügung zu haben oder simulieren zu können. Hierzu wurde eine Arbeitsgruppe „Energiemeteorologie" gegründet, die sich bald auch mit der Prognose erneuerbarer Energieflüsse befasste.

Eine mögliche Autarkie von kleinen (Häusern) bis großen (Ländern) Energiesystemen war damals in den energiepolitischen Diskussionen – zumindest an einigen Universitäten – ein wichtiges Thema. Unsere Intention (zumindest die der Kerngruppe) war es, nicht mit unseren Forschungen am Energielabor eine kleinskalige Autarkie als Schlüssel einer allgemeinen, nachhaltigen Energieversorgung zu demonstrieren. Wir waren uns vielmehr bewusst, dass starke großflächige Netze und damit die Vernetzung von vielen verteilten Verbrauchern und Energiebereitstellern der Schlüssel für einen beträchtlichen Ausgleich der Fluktuationen der Solar- und Windenergieflüsse sind. Die energetische Isolation des Energielabors war lediglich Voraussetzung für eine saubere Messdatenerfassung der Experimentieranlage.

Energieszenarien für die Bundesrepublik, die auf diesen Untersuchungen basierten, publizierten Dr. Joachim Nitsch und ich 1990 in dem Buch „Energieversorgung der Zukunft"[1]. Wir hatten den Mut, im Rahmen dieser Publikation Energieszenarien bis in das Jahr 2050 zu entwerfen. Bei diesen Untersuchungen waren die Vorarbeiten von Joachim Nitsch, Leiter der Studiengruppe Energiesysteme (Deutsche Forschungsanstalt für Luft- und Raumfahrt), von hohem Wert.

---

[1] J. Nitsch und J. Luther, Energieversorgung der Zukunft, Springer Verlag 1990.

Einige allgemeine Bemerkungen zur Forschung im Bereich Erneuerbare Energien in den 1980er Jahren

(i) Die Wertschätzung der Forschungsarbeiten zu Erneuerbaren Energien war in dieser Zeit – vorsichtig ausgedrückt – gespalten. Viele meiner „alten" Kollegen sowie Teile der Politik und der Energiewirtschaft haben Unverständnis für meine neue Schwerpunktsetzung gezeigt; teilweise manifestierte sich das in Aggressionen. Vielen Mitstreitern, auch Adolf Goetzberger, ist es ähnlich ergangen.

(ii) Die Forschungsfinanzierung in dieser Zeit glich teilweise einer Lotterie. Um die (geringe) Grundfinanzierung aufzustocken, war man extrem von der Ansicht und dem Wohlwollen einzelner Personen in Ministerien und Industrie abhängig, die für die Vergabe von Forschungsmitteln zuständig waren. Die generelle Finanzsituation für Forschungen auf dem Gebiet der Erneuerbaren Energien besserte sich kurzfristig nach der Kraftwerkskatastrophe von Tschernobyl 1986, als binnen weniger Tage beträchtliche Gelder von der Politik zur Verfügung gestellt wurden. Diese zusätzliche Finanzierung war aber nur einige Jahre von Dauer. Es kann aber festgestellt werden, dass später, Mitte der 1990er Jahre, die Finanzierung in Deutschland bei Weitem nicht mehr solchen kräftigen und willkürlichen Schwankungen unterworfen war.

(iii) Bei Verzicht auf die Kernenergie hätte man in den theoretischen Analysen die Energieversorgung im Prinzip durch die Nutzung fossiler Energieträger sichern können. Das Gegenargument in den 1970er Jahren (und auch noch später) war die Begrenztheit der Ressourcen von Kohle, Öl und Erdgas. Das Argument eines Menschen-gemachten Klimawandels durch CO_2-Emissionen setzte sich erst langsam durch. Ein wichtiger

Schritt auf diesem Wege war der Aufruf „Warnung vor drohenden weltweiten Klimaänderung durch den Menschen", den die Deutsche Physikalisch Gesellschaft (DPG) und die Deutsche Meteorologische Gesellschaft (DMG) 1987 gemeinsam veröffentlichten[2]. Das war das erste Mal (zumindest nach Ende des zweiten Weltkrieges), dass die Problematik einer Menschen-gemachten Erderwärmung in der Bundesrepublik deutlich in die Öffentlichkeit getragen wurde. Ich war an der Abfassung des Aufrufs beteiligt. Letztendlich zeigte sich, dass – was die energiepolitischen Konsequenzen angeht – nur ein Kompromiss im Text des Aufrufs möglich war. Die Mehrheit der Autoren hielt damals eine umfassende Nutzung der Kernenergie für unumgänglich.

(iv) Die Forschungslandschaft war um 1990 herum derart stark gewachsen, dass ein Zusammenschluss der nicht universitären Forschungseinrichtungen zum Thema Solarenergie sinnvoll wurde und insbesondere von Seiten der Politik betrieben wurde. Umweltminister Prof. Klaus Töpfer befürwortete die Gründung einer Großforschungseinrichtung; hierzu war allerdings die Bundesregierung nicht bereit. Es wurde lediglich 1990 der Forschungsverbund Sonnenenergie (FVS), ohne wesentliche finanzielle Unterstützung durch den Bund, gegründet. Gründungsmitglieder waren die Deutsche Forschungs- und Versuchsanstalt für Luft und Raumfahrt (DFVLR), das Fraunhofer ISE, das Hahn-Meitner-Institut Berlin (HMI) und das Kernforschungszentrum Jülich (KFA). (Der FVS heißt heute Forschungsverbund Erneuerbare Energien FVEE, die DFVLR heißt heute Deutsches Zentrum für Luft- und Raumfahrt DLR, das KFA heißt heute Forschungszentrum Jülich). Auf europäischer Ebe-

---

[2] Warnung vor drohenden weltweiten Klimaänderungen durch den Menschen, Physikalische Blätter 43 (1987) Nr. 8

ne wurde die European Renewable Energy Centres Agency (EUREC Agency) 1991 gegründet. Diese Zusammenschlüsse sammelten die Kräfte und verhinderten durch Absprachen zumindest teilweise unnötige Doppelarbeit. Das Fraunhofer ISE war und ist an beiden Institutionen von Anfang an engagiert beteiligt.

Mein Wechsel an das Fraunhofer ISE

Von Oldenburg aus gesehen war das ISE der große Bruder mit – in Verkennung der Tatsachen – unbegrenzten Möglichkeiten. Als die Emeritierung von Prof Goetzberger näher rückte, spielte ich mit dem Gedanken, mich um seine Nachfolge zu bewerben, obwohl der „Schuh" mir eigentlich zu groß vorkam. Ich hatte aber mehrere intensive Gespräche mit Prof. Goetzberger, in denen er mir die Scheu zur Bewerbung nahm. So bewarb ich mich – nach ausführlicher Beratung mit meiner Frau. 1992 waren Anhörung und Auswahlsitzung mit einer Entscheidung zu meinen Gunsten. Damit hatten wir ein Jahr zur Verfügung, um den Übergang in der Institutsleitung zu gestalten. Ich bin Prof Goetzberger und seinem Team für die vielen offenen und detaillierten Gespräche ausgesprochen dankbar; das machte einen gut geplanten Übergang in der Institutsleitung möglich.

Wie bereits oben berichtet, war die Finanzsituation für die Forschung auf dem Gebiet der technischen Sonnenenergienutzung 1993 besonders schwierig. Adolf Goetzberger ließ mich und das Institut mit dem gravierenden Finanzproblem nicht allein. Er richtete ein (mit mir abgesprochenes) Schreiben an den Petitionsausschuss des Bundestages, in dem er auf die ausgesprochen prekäre Finanzsituation des ISE hinwies. Dieses Schreiben – für mich eine große Hilfe – war letztlich von Erfolg gekrönt. Prof. Goetzberger persönlich war wegen des Briefes vielen Anfeindungen ausgesetzt – ich hatte dagegen den Rücken frei und konnte meinen Übergang zum ISE ohne große finanzielle Sorgen gestalten.

Ende 1993 wurde ich zum Leiter des ISE berufen und gleichzeitig zum ordentlichen Professor für Physik an der Universität Freiburg ernannt. Diese Situation stellte für mich eine Traumkonstellation dar, konnte ich doch – in Zusammenarbeit mit dem gesamten hoch motivierten ISE-Team – an der Verwirklichung meiner Ziele an einem weltweit anerkannten Fraunhofer-Institut weiterarbeiten.

Meine Zusammenarbeit als neuer Institutsleiter mit meinem Vorgänger Adolf Goetzberger gestaltete sich ausgesprochen angenehm. Ich hatte ihm ein eigenes Arbeitszimmer nebst technischer Infrastruktur angeboten, das er gerne annahm. Trotz seiner täglichen Anwesenheit am ISE – er betreute noch lange Diplom- und Doktorarbeiten – hielt er sich völlig mit Kommentaren zur Institutsleitung zurück; er stand andererseits stets für mich für Diskussionen zu Verfügung. Hierfür, für die Gründung dieses so wichtigen Instituts und die optimale wissenschaftliche Ausrichtung des ISE bin ich Adolf Goetzberger noch heute von Herzen dankbar.

Joachim Luther

BURKHARD HOLDER

Adolf Goetzberger:
Ein Beispiel für Willensstärke, Überzeugungskraft, Vertrauen und Menschlichkeit

In den frühen achtziger Jahren bin ich eher zufällig zum damals noch kleinen Team des ISE gestoßen. Wie viele junge Menschen benötigte ich Geld, damit ich meine Ausgaben für die Ausbildung finanzieren konnte. Über einen Hinweis von einem Freund kam ich dann als sogenannte wissenschaftliche Hilfskraft in das ISE-Team mit damals gut 30 Pionieren der Solarwissenschaft und habe dann über Armin Räuber auch Adolf Goetzberger kennengelernt.

Der vorhandene Pioniergeist und die Überzeugung, dass man dringend etwas für unseren Planeten mit einer sauberen und nachhaltigen Energiepolitik tun muss, hat mich von Anfang an stark beindruckt. Diese Eindrücke haben bis heute auch mein berufliches und privates Leben stark beeinflusst. Mit Rückblick auf gut 35 Berufsjahre im Bereich der Erneuerbaren Energien kann man sehr dankbar dafür sein, dass man als junger Mensch die Möglichkeit hatte in einem solchen Umfeld die ersten beruflichen Erfahrungen zu sammeln.

Adolf Goetzberger ist ein Mensch mit klaren Prinzipien und mit großem Vertrauensvorschuss gegenüber seinen Mitmenschen. Natürlich brauchte man gerade in den Pionierjahren der Erneuerbaren Energien eine Portion Schalk hinter den Ohren, damit man bestimmte Ziele für den Weg in die solare Zukunft erreichen konnte. Entscheidend in diesen Zeiten waren aber auch das Respektieren anderer Meinungen und die Fairness gegenüber Andersdenkenden, was Adolf Goetzberger in hervorragender Weise vorgelebt hat.

Diese Charaktereigenschaften haben ihm sowohl im ISE Team als auch international hohe Anerkennung eingebracht. Adolf Goetzberger hat mit seinem Führungsstil die Basis für ein selbständiges und eigenverantwortliches Arbeiten geschaffen. Dieses Vertrauen, verbunden mit der Akzeptanz, dass auch Fehler passieren, gehören mit zu seiner Erfolgsstory ISE. Zahlreiche junge Menschen, sowohl in der universitären Ausbildung als auch als Berufseinsteiger, konnten mit diesen exzellenten Rahmenbedingungen erfolgreiche Karrieren starten.

Für mich war in meiner Entwicklung Adolf Goetzberger nicht nur ein Vordenker und herausragender Experte, sondern ganz wichtig auch ein Mentor und Vorbild, der mit besonderer Weitsicht auch in schwierigsten Zeiten Impulse für das Energiesparen und die Nutzung Erneuerbarer Energien gesetzt hat.

Das war besonders schwierig in der Anfangszeit des ISE, als Adolf Goetzberger, Armin Räuber und ich mit geringsten finanziellen Mitteln und trotz Blockaden von Politik und Projektträgern die Entwicklung des ISE vorangetrieben und die ISE Mannschaft zu außergewöhnlichen Leistungen motiviert haben.

Adolf Goetzberger hat entscheidend den besonderen Geist des ISE mitgeprägt. Neben exzellenter Forschungsarbeit stand für ihn von Anfang an immer auch die Freude an der Arbeit und ein starkes Zusammenhörigkeitsgefühl aller Mitarbeiter im Vordergrund.

Ich habe zahleiche Erinnerungen an meine Zusammenarbeit mit Adolf Goetzberger, an die ich mich auch gerne immer wieder erinnere. Wenn man alle unsere gemeinsamen Erlebnisse und Anekdoten niederschreiben wollte, könnte man damit sicher ein ganzes Buch füllen. Es gibt dabei sowohl berufliche Highlights als auch persönliche Erinnerungen an unsere Fraunhofer Zeit und viele internationale Begegnungen. Wir konnten damals wichtige Impulse für die inhaltliche und organisatorische Ausrichtung sowie die Ausbildung von Führungskräften auch bei anderen Instituten der Fraunhofer-Gesellschaft geben.

Nach dem Tschernobyl Unfall hat Adolf Goetzberger mit Hilfe des dann entstandenen Umdenkens der Politik, Industrie und Gesellschaft zahlreiche bi- und multilaterale Projekte und Veranstaltungen zum verstärkten Einsatz Erneuerbarer Energien initiiert. Dazu gehörte auch die Ansiedlung der Zentrale von der global agierenden International Solar Energy Society (ISES) in Freiburg. Ich bin stolz darauf, dass ich Adolf Goetzberger bei diesen internationalen Aktivitäten mit unterstützen durfte und damit auch ein kleines Stück zum erreichten internationalen Ruf des ISE beitragen konnte.

Diese Würdigung soll nicht nur an eine wunderschöne und immer spannende Zeit beim ISE mit Adolf Goetzberger erinnern. Gerade in der heutigen Zeit sollen diese Zeilen den nachfolgenden Führungskräften zeigen, dass ein weitsichtiges unternehmerisches Handeln, der Respekt und die Anerkennung von Mitarbeitern sowie die Freude an der Arbeit auch heute wichtige Erfolgsfaktoren sind.

Lieber Herr Goetzberger, nochmals meine hohe Anerkennung zu Ihrem eindrucks-vollen Lebenswerk! Ihr Burkhard Holder

Burkhard Holder

Prof. Dr. Andreas Bett

Als einer der beiden aktuellen Institutsleiter des Fraunhofer-Instituts für Solare Energiesysteme ISE in Freiburg bin ich in dieser Funktion sozusagen der „Urenkel" von Herrn Prof. Dr. Adolf Goetzberger. Aus Urenkel-Sicht bin ich ihm zunächst unendlich dankbar, dass es das Fraunhofer ISE überhaupt gibt. Heute arbeiten mehr als 1.300 Personen in diesem Institut, das von Adolf Goetzberger im Jahre 1981 gegründet wurde. Im vorletzten Jahr haben wir als Institutsleitung gemeinsam mit den Mitarbeitenden das Leitbild für das Institut formuliert. Für die Vision wurde dort formuliert:

Die Sicherung der Lebensgrundlage heutiger und zukünftiger Generationen sowie der Erhalt unserer natürlichen Umwelt sind unser Antrieb. Mit unseren richtungsweisenden Forschungs- und Entwicklungsarbeiten nehmen wir international eine führende Rolle im Bereich erneuerbarer Energiesysteme und -technologien ein. So leisten wir einen wesentlichen Beitrag für eine nachhaltige, wirtschaftliche, sichere und sozial gerechte Energieversorgung weltweit – hin zur ausschließlichen Nutzung von Erneuerbaren Energien.

Mit der Formulierung der Vision setzen wir die Tradition des Gründers Adolf Goetzberger fort. Schon er hatte zu Beginn diese Vision – ihm lag und liegt eine nachhaltige Energieversorgung und präziser ein nachhaltiges Energiesystem am Herzen. Dass dabei die Sonnenenergie eine zentrale Rolle spielen wird, hat er schon 1981 erkannt und das Institut trägt deshalb den Namen „Solare Energiesysteme". In der heutigen Zeit bin ich sehr dankbar dafür, dass er schon 1981 diese doch sehr breit angesetzte Vision hatte. Es ging ihm nicht nur darum, die Energiewandeltechnologien Photovoltaik oder Solarthermie voranzubringen, er wollte – ganz im Fraunhofer Sinne – die Technologien in der Anwendung, also im Energiesystem sehen. Dazu sind eine Vielzahl von weiteren Technologien wie Leistungselektronik, Speichertechnologien, aber auch Methoden und Verfahren zur Integration sowie zur Akzeptanz seitens der Anwender notwendig. Entsprechend hat Herr Goetzberger das Institut von Anfang an strukturiert und somit ein breites Technologieportfolio aufgesetzt. Immer wieder bin ich aufs Neue fasziniert und beeindruckt, wie Adolf Goetzberger dies 1981, in einer Zeit, in der das Wort Energiewende und auch Klimawandel nicht wirklich weit verbreitet waren, eine solche Vorausschau, ja wahrlich Vision hatte und entsprechend gehandelt hat. Immerhin war er anerkannter Wissenschaftler und Leiter eines renommierten Fraunhofer-Instituts. Aus einer solchen gesicherten Stellung sich auf ein neues Arbeitsfeld, behaftet mit großer Unsicherheit und hohem Risiko, zu begeben, erfordert Mut und Überzeugungskraft. Das macht den Unterschied zu vielen anderen erfolgreichen Wissenschaftlern und Herrn Goetzberger letztlich zu einer Ikone im Bereich der Solarenergie. Denn er hatte mit seinen Visionen Recht! Musste er damals für die Gründung eines neuen Instituts in der Fraunhofer-Gesellschaft kämpfen, ist das Fraunhofer ISE heute in der Gesellschaft anerkannt und mit circa 100 Millionen Euro Umsatz das zweitgrößte Institut.

Wir reden heute im Institut häufig vom „ISE-Spirit" und drücken damit aus, dass unsere Mitarbeitenden mit einer hohen Motivation und mit voller Kraft, auch über die normale Arbeitszeit hinaus und oft im Privatleben, sich für das oben genannte Leitbild einsetzen. Dieser „ISE-Spirit" wurde von Herrn Goetzberger mit der Gründung und offenen Führung des Instituts angelegt und dann über die Generationen weiter gegeben. Wir erfahren auch heute immer wieder, dass viele junge Leute sich dem Fraunhofer ISE aufgrund der zu bearbeitenden Themen anschließen. Sie wollen mit der Arbeit zur Verbesserung unserer Umwelt und zum Wohle der Menschheit beitragen. Sie wollen mit ihrer Arbeit auch eine Wirkung erzielen – ganz im Sinne und im Geist des Institutsgründers Adolf

Goetzberger. Dazu braucht es weiterhin Begeisterung, Ideen und Innovationen. „Aus der Box heraus und quer denken" – das ist sicherlich heute so wichtig wie es auch für Adolf Goetzberger wichtig war. Er hatte Freude neue Konzepte auszudenken, die noch nie gedacht waren. Und dies neben der Leitung eines Fraunhofer-Instituts. Dies führte letztlich auch zu vielen Patenten, die er einreichte. Nicht zuletzt deshalb wurde er im Jahr 2009 von der EPA mit dem Award „European Inventor of the Year" geehrt. Es zeigt sich hierbei ebenfalls sehr deutlich, wie Adolf Goetzberger selbst agiert(e) und was er in die Gene des Instituts eingepflanzt hat: Wissenschaft gepaart mit Erfindergeist und mit dem Willen, die Umsetzung voranzubringen. Das ist passgenau zur Mission der Fraunhofer-Gesellschaft. Ein weiteres Beispiel sei hier zur Verdeutlichung genannt. Schon 1978 veröffentlichte Herr Goetzberger eine Publikation zur Agri-Photovoltaik[1]. Damals war die Photovoltaiktechnologie eher ein wissenschaftliches Nischenprodukt und es war schwer vorstellbar, dass sie in der Zukunft die zentrale Säule eines nachhaltigen Energiesystems werden könnte. Heute, nach mehr als 40 Jahren ist das sichtbarer, aber es ist immer noch ein weiter Weg. Schon damals beschäftigte ihn, wie man einen Mehrwert erzeugen kann, so dass z.B. der Flächenbedarf zur Energiebereitstellung mit der Bereitstellung von Nahrungsmitteln kombiniert werden kann. Herr Goetzberger hat sich immer wieder für diese Idee eingesetzt und auch nach seiner Emeritierung an diesem Thema wissenschaftlich gearbeitet. Seiner Ausdauer ist es zu verdanken, dass wir am Fraunhofer ISE im Jahre 2015 mit einem öffentlich geförderten Forschungsprojekt das Thema Agri-Photovoltaik aufgreifen und entwi-

---

[1] A. Goetzberger, A. Zastrow. On the coexistence of solar-energy conversion and plant cultivation. Int J Sol Energy, 1982 (1) (1982), pp. 55–69

ckeln konnten. Er selbst hat aktiv an diesem Projekt mitgearbeitet, das zu einer Demonstrationsanlage in Heggelbach am Bodensee führte[2].

Das Thema APV wird nun intensiv weiterbearbeitet und kommt zunehmend in die breite, weltweite Anwendung. Dieses Beispiel zeigt einmal mehr, welche Kraft und Wirkungen von den wissenschaftlichen Ideen und Visionen von Herrn Goetzberger ausgingen und noch ausgehen. Er kann wahrlich als Pionier der Solarenergie bezeichnet werden. Zum Abschluss seiner Direktorenzeit am Fraunhofer ISE 1993 wurde er in einem Presseartikel als „Papst der Solarenergie" bezeichnet. Ich finde, die Journalisten haben hier in einer Überschrift in schöner Weise zusammengefasst, was ich selbst auch so empfinde. Ich selbst habe meine berufliche Karriere als Hilfswissenschaftler am Fraunhofer ISE unter Prof. Goetzberger begonnen. 1987 kam ich als Diplomand an das damals mit circa 70 Mitarbeitenden noch überschaubare Fraunhofer ISE. Mit Herrn Goetzberger hatte ich zunächst keinen direkten Kontakt. Ich arbeitete im Bereich der III-V-Halbleiter, mit dem Ziel, den Wirkungsgrad der Solarzellen von damals unter 10 % zu verbessern. Ich erinnere mich noch gut, wie ich nach Fertigstellung der schriftlichen Ausführung meiner Diplomarbeit mich mit Herrn Goetzberger zur Besprechung in seinem Büro traf. Er war an den Experimenten und Ergebnissen sehr interessiert. Ich ging danach wieder zurück in meine Abteilung und begann meine Promotion unter Prof. Wettling. Obwohl ich somit in den ersten Jahren am Fraunhofer ISE nicht den direkten persönlichen Kontakt mit Adolf Goetzberger hatte, würde ich doch – passend zum „Papst der Solarenergie" – sagen, ich bin einer seiner Jünger. Ich habe oben im Text vom ISE-Spirit geschrieben, der durch seine Visionen und Offenheit geprägt war. Dieser ISE-Spirit hatte mich letztlich auch erfasst und vereinnahmt. Dies führte dann

---

[2] www.agri-pv.org

dazu, dass ich meine ursprüngliche Pläne Lehrer zu werden aufgab und dem Institut bis heute verbunden blieb. Mir wurde erst viel später klar, welchen Einfluss hierzu das Wirken von Herrn Goetzberger hatte.

In den vergangenen Jahren hatte ich dann viele Gelegenheiten, Herrn Goetzberger und seine Frau näher kennenzulernen. Dafür bin ich sehr dankbar. Mir wurde dadurch noch viel mehr bewusst, welche Leistung es 1981 war, den Schritt zu wagen, das Fraunhofer ISE zu gründen und sich einer Vision zu verschreiben. Heute, als sein Urenkel, freue ich mich sehr, dass ich aufbauend auf der Arbeit von ihm und seinen Nachfolgern, an der Vision und Umsetzung für eine weltweit nachhaltige Energieversorgung arbeiten kann. Es bleibt noch viel zu tun. Ganz im Sinne von Herrn Goetzberger müssen dazu neue Wege, Ideen und Visionen entwickelt werden. Von Herrn Goetzberger können wir alle immer noch lernen, dass Visionen notwendig sind und Visionen nicht den Gang zum Arzt bedeuten. Ich bin Herrn Goetzberger zu besonderem persönlichem Danke verpflichtet, weil er mein Leben durch die Schaffung des Fraunhofer ISE in einer besonderen Weise beeinflusst hat. Er ist und bleibt ein Vorbild.

Prof. Dr. Andreas Bett

Dr. Wilhelm Stahl

Meine erste Begegnung mit Prof. Goetzberger war bei einer meiner häufigeren Vorsprachen bei Volker Wittwer, damals noch im Fraunhofer-Institut für Festkörperphysik in der Eckerstraße. Der Chef grüßte kurz, Volker versuchte mich als Bewerber vorzustellen, aber dann war er auch schon wieder weg. Ich war von Klaus Vanoli – damals IST Energietechnik in Kandern – als Messknecht im Solarhaus Freiburg-Tiengen angestellt und mir sicher, dass die Solarenergie meine berufliche Zukunft ist. Nach einigen weiteren Vorsprachen in der Eckerstrasse war ich überglücklich, als wissenschaftliche Hilfskraft beim Umzug der neu gegründeten Arbeitsgruppe für Solare Energiesysteme in die Oltmannsstraße mithelfen zu können.

Die Entscheidung von Prof. Goetzberger, die Leitung eines großen etablierten Fraunhofer-Instituts abzugeben, um sich ausschließlich der Solarenergieforschung zu widmen, hat in der damaligen Zeit auch politisch Wellen geschlagen. Noch so ein Spinner, der glaubt mit Solarenergie die Welt zu retten. Wir waren stolz auf unseren Chef, und seine Überzeugung hat auch uns stark gemacht.

In der Oltmannsstraße sind mir neben den wissenschaftlichen Gesprächen viele persönliche Begebenheiten in Erinnerung geblieben: sein schelmisches Grinsen, wenn er beim Kopfrechnen wieder schneller war als wir oder als, auf dem Dach des Institutsgebäudes, Forschungsminister Andreas von Bülow sich an den heißen Wienerle aus dem Solarkocher die Finger verbrannte.

Bis heute ungeklärt sind seine freitäglichen Besuche in unserem Büro immer dann, wenn wir auf das bevorstehende Wochenende mit dem Öffnen einer Flasche badischen Weins anstießen.

Aus grundlegenden physikalischen Gesetzmäßigkeiten hat Prof. Goetzberger uns immer wieder mit neuen Ideen überrascht, auch gefürchtet, weil es ein kleiner Test werden konnte, ob wir ihm auch folgen können. Gütlich fast väterlich habe ich meine Doktorprüfung in Erinnerung, in der wir über Physik, aber auch über den gesellschaftlichen Wert eines Weltrekords für die Konzentration diffuser Strahlung philosophierten.

Bei einem Fototermin im Turmhelm des Freiburger Münsters hält unser Chef etwas unsicher Fluoreszenzkollektoren in die Abendsonne. Mehr der Wissenschaft zugewandt, war das zunehmende Medieninteresse an der Solarenergie für ihn eher Pflicht als Kür.

Am Haus der Familie Goetzberger hat nur das Schlafzimmer eine für TWD geeignete südorientierte Fassade. Herr Goetzberger hatte seine Frau davon überzeugt, dass es für den wissenschaftlichen Fortschritt unerlässlich ist, hier einen Selbstversuch mit transparenter Wärmedämmung zu starten. Unter den skeptischen Blicken von Frau Goetzberger durften nur wenige Forscher im Schlafzimmer die erforderlichen Sensoren installieren. Um familiären Diskussionen aus dem Weg zu gehen, hatte unser Chef sich dabei meistens verdrückt.

Ich habe Bilder im Kopf, als der Chef seine Abteilungsleiter – und mich, vermutlich weil ich für die Öffentlichkeitsarbeit zuständig war – in sein Zimmer bat und strahlend die Idee des Energieautarken Solarhauses vortrug – ein autarkes Haus, ein gebauter Beweis, dass allein die Sonnenstrahlung auf die Hüllfläche ganzjährig den Energiebedarf der Bewohner decken kann. Politisch gefährlich? Gegen die etablierten Energieversorgungsunternehmen? Nein, unser Chef war einfach nur begeistert von der Idee, dass die Sonne die Kraft hat und sein Institut an allen dafür notwenigen Komponenten forscht. Besser als mit dem Energieautarken Solarhaus konnte der Leitgedanke des Instituts in einem Projekt nicht umgesetzt werden.

Das Haus wurde gebaut, Einweihung am 30.10.1992. Forschungsminister Riesenhuber kann wegen Nebel in Wiesbaden nicht starten. Der Leitende Ministerialrat Maute zitiert Heinrich Heine: „Und scheint die Sonnen noch so schön, am Ende muss sie unter gehn!" und unser Chef wird dies mit dem ES widerlegen. Unser Chef will zwei Wochen später den Wohnkomfort im Energieautarken Solarhaus – das ich damals mit meiner Familie bewohnte – am eigenen Leib erfühlen. Meine Frau belastete das elektrische System mit Lasagne aus dem Backofen. Mit einigen Gläsern Rotwein war dieser Abend mein sicher persönlichstes Erlebnis mit Prof. Goetzberger: ein Pionier, ein Vorbild, ein ehrenwerter Mensch. Nach nicht ganz warmem Duschwasser, aber heißem Kaffee vom Wasserstoffherd und einer kurzen Bemerkung, dass es ihm nachts zu warm war, eilte er morgens wieder von dannen.

Prof. Goetzberger hat für den Durchbruch der Solarenergie wissenschaftlich und politisch einen gewaltigen Beitrag geleistet. Ohne ihn hätte ich bei der Jahrestagung der Vereinigung Deutschen Elektrizitätswerke in München 1992 niemals einen Vortrag mit dem Titel „Null Komfort im Nullenergiehaus?" halten können. Heute 30 Jahre später sind Energieautarke Solarhäuser mit Wasserstoff-System kommerziell erhältlich.

Danke Herr Prof. Goetzberger.

Dr. Wilhelm Stahl

THOMAS NORDMANN

Als Tagungsteilnehmer aus der Schweiz bin ich Herrn Prof. Dr. Adolf Goetzberger auf der 9. European Photovoltaic Conference am 25. September 1989 in Freiburg im Breisgau – also vor 31 Jahren – erstmals begegnet. Im gleichen Jahr war das weltweit erste Photovoltaik-Schallschutzprojekt mit 103 kWp bei Chur der TNC im Bau und wir präsentierten den Stand der Projektentwicklung der damals größten Photovoltaik(PV)- Anlage der Schweiz.[3]

Diese Aktivitäten haben offenbar das Interesse des damals noch kleinen Teams des jungen Fraunhofer-Instituts für Solare Energiesysteme (Fraunhofer ISE) geweckt. Zusammen mit meinem Mitarbeiter Luzius Clavadetscher wurde ich von Goetzberger persönlich nach Freiburg eingeladen, um über unser Projekt und die weiteren geplanten drei Photovoltaik-Schallschutzanlagen zu berichten. Das Fraunhofer ISE, damals noch am alten Standort an der Oltmannsstraße, hatte zu dieser Zeit ein Team von um die 100 Mitarbeitern. Aus diesen ersten Begegnungen entwickelte sich eine immer intensivere und recht erfolgreiche Zusammenarbeit mit Goetzberger und seinem Team am ISE.

Am 6. Symposium Photovoltaische Solarenergie in Bad Staffelstein im Kloster Banz 1991 durfte ich meinen ersten Beitrag unter dem Titel „Das nationale Photovoltaik Umsetzungsprogramm der Schweiz" präsentieren. Als von den Schweizer Bundesbehörden beauftragter Projektträger berichtete ich über die Schweizer Anstrengungen mit einem

---

[3] Construction of a 100 kW Grid connected PV Installation using sound barriers along a Motorway in the Swiss Alps • 9th Paper at the EUPVSC 25.–29. September 1989 in Freiburg im Breisgau

Schwerpunkt bei der Gebäudeintegration, heute BIPV, und zusätzlich über die Förderung von Projekten im Schulhaus- und Bildungsbereich.[4]

1993, kurz nachdem Goetzberger in den „dynamischen" Ruhestand wechselte, haben wir gemeinsam die TNC Energie Consulting GmbH, als Spin-off der TNC Consulting AG und dem Fraunhofer ISE, mit Geschäftsdomizil auf dem damaligen Fraunhofer ISE Institutsareal, etabliert. Unsere Absicht, die ersten Erfolge des Photovoltaik-Schallschutzes in der Schweiz auch in Deutschland zu lancieren. In der Person von Dr. Walter Sandtner hatten wir einen kompetenten Fürsprecher im damals zuständigen BMFT (Bundesministerium für Forschung und Technologie). Ein internationaler Ideenwettbewerb für die Photovoltaik- und Schallschutz-Industrie führte zum Bau von sechs 10 kW PV-Schallschutz-Pilotanlagen, drei in Ammersee bei München und drei Schwesterprojekte in der Schweiz im Raum Zürich. Damals argumentierten wir, dass durch die Doppelnutzung von Photovoltaik und Schallschutz auch ökonomische Kostensubstitutionen zu Gunsten der damals noch sehr teuren Photovoltaik erreicht werden können. Damals lagen die PV Systemkosten noch über 18.000 DM pro kWp.

1994 wurde ich als erster Ausländer durch Goetzberger in den Tagungsbeirat des Photovoltaik-Symposiums in Bad Staffelstein berufen. Regelmäßig durfte ich im Kloster Banz über die Schweizer Fortschritte bei der Photovoltaik Marktentwicklung vortragen. So entstand ein sportlicher Wettbewerb zwischen Deutschland und der Schweiz um neue Ideen auf dem Gebiet der PV.

---

[4] Thomas Nordmann Switzerland's Approach to Photovoltaic Applications
• Paper First World Conference on Photovoltaic Energy Conversion: Hawaii, December 5–9, 1994.

Obwohl das Konzept der kostendeckenden Einspeisevergütung erstmals im Jahre 1991 in Burgdorf, einem kleinen Städtchen in Schweizer
Kanton Bern, praktiziert wurde, erfolgte der effektive Durchbruch mit
dem Inkrafttreten des Erneuerbaren Energiegesetzes EEG im Jahr 2000
in Deutschland mit all den positiven Auswirkungen, die heute noch weltweit bei der Photovoltaik Marktentwicklung entscheidend sind.[5]

Unsere ursprüngliche Idee, die Kombination von Photovoltaik und
Schallschutz voranzubringen, rückte in den Hintergrund, weil man in
Deutschland mit dem EEG für Strom auf dem eigenen Dach eine gute
Vergütung bekam und nicht den Umweg über die Schallschutzwände
nehmen musste. Waren wir hier etwas zu früh oder zu spät mit unserer
Idee? In der gemeinsamen Firma der TNC Energie Consulting GmbH
haben wir auch schon ab 1994 die Möglichkeiten der bifacialen Photovoltaik erkundet. In der Schweiz entstand die erste bifaciale Photovol-
taik-Pilotanlage 1997 entlang der Autobahn Richtung Flughafen Zürich
in Wallisellen. Die TNC Consulting AG konnte 2004 ein zweites Projekt entlang der Eisenbahn in Münsingen bei Bern realisieren. Damals
war die Industrie noch nicht im Stande, bifaciale Modultechnologie zu
wirtschaftlich interessanten Preisen bereitzustellen. Auch hier waren wir
wahrscheinlich der Zeit voraus.[6]

---

[5] Rückblick – Ausblick – Augenblick: 25 Jahre KEV in der Schweiz Thomas
Nordmann über die Bemühungen um die Entwicklung der PV mit KEV
Jahre EEG – eine Burgdorfer Erfindung verändert die Welt. Berner Fach-
hochschule Burgdorf 21. November 2014

[6] First experience with a bifacial PV noise barrier. T. Nordmann, A. Goetzberger* TNC Consulting AG, Switzerland, *TNC Energie Consulting
GmbH, Oltmannstr. 5, 79100 Freiburg, Germany • 16th PVSEC Photovoltaic Solar Energy Conference and Exhibition, 1–5 May 2000, Glasgow, UK

Was habe ich aus der Zusammenarbeit mit Adolf Goetzberger gelernt? Was ist mir besonders aufgefallen?

Hier beobachte ich drei verschiedene, komplementäre Dimensionen:

1. Als umsetzungs- und marktbezogener Projektentwickler stellte ich fest, dass das Interesse und das Engagement von Goetzberger und seinem ISE Team immer breit aufgestellt waren und weit über die rein wissenschaftliche Betrachtung der Möglichkeiten der Sonnenergie und der Photovoltaik hinausgingen. Goetzberger hatte damals ein kleines aber recht innovatives Team in der Abteilung System- und Anlagentechnik zusammengestellt. Unter der Leitung von Dr. Jürgen Schmid hat das ISE immer den Bezug zum Markt und zur Umsetzung gesucht und gepflegt. Im Nachhinein wird klar: Die Lancierung des Symposiums Photovoltaische Solarenergie in Bad Staffelstein im Dreieck zwischen der wissenschaftlichen Forschung, der technikbezogenen Anwendung sowie der Markt- und Industrieentwicklung erwies sich als ein Glücksfall und Nukleus vieler Ideen und Initiativen für die PV, die schrittweise in Deutschland und auch in Europa umgesetzt werden konnten. Das ist ein eindrückliches Zeugnis der weitsichtigen Vorgehensweise von Goetzberger.

2. Goetzberger hat sich nicht einseitig nur für die Photovoltaik engagiert, sondern als Physiker u.a. auch die Sparten der thermischen Sonnenenergie und der Solararchitektur im Portfolio der schnell wachsenden Fraunhofer ISE Gruppe geführt. Sinnbildlich steht dafür das Energieautarke Solarhaus vom ISE, das 1991 alle Herausforderungen einer elektrischen und thermischen Unabhängigkeit schon im letzten Jahrhundert vorweggenommen hat.

3. Ferner ist mir aufgefallen, dass Goetzberger in seiner Führungskultur, für mich überraschend, nicht universitäre Strategien gepflegt hat. Es ging ihm nie um den Status eines Professors, sondern mehr eines Coaches im Gespräch mit seinem Team, der mit seiner natürlichen Autorität sein breit aufgestelltes, immer größer werdendes Forschungsteam motivierte und erfolgreich vorantrieb. Ich glaube zu erkennen, dass Goetzberger seinen Mitarbeitern Vertrauen und große Eigenständigkeit eingeräumt hat, um dadurch mit einer motivierten Mannschaft mit Freiheit und Freiraum schnell voranzukommen. Als Außenstehender habe ich beobachtet, dass das Fraunhofer ISE Modell von manchen anderen Bundesländern als Vorbild übernommen wurde, um eigene Forschungsinstitutionen zu gründen.

Drei Schlussfolgerungen:

1. Wir haben wohl gemeinsam die Erfahrung gemacht, dass unsere Ideen rund um die Photovoltaik von der Gesellschaft anfänglich als utopisch, unrealistisch, unwirtschaftlich und nicht zukunftsfähig eingestuft wurden. Manche Zeitgenossen aus Politik und Wirtschaft haben diese Grundhaltung lange Zeit gegenüber der Photovoltaik gepflegt. Rückblickend steht fest, dass Goetzberger und viele seiner Partner und Mitkämpfer wohl heute auf der ganzen Linie Recht bekommen haben. Für uns stellt sich die Frage: Lohnt sich der Leidensdruck, im Leben immer zu früh zu sein und mit all diesen Widersprüchen und Entgegnungen der Zauderer leben zu müssen? Ich glaube, die Menschen, die immer zu früh sind, sind eher die Glücklicheren als diejenigen, die immer zu spät kommen. Gorbatschow hat ja richtig bemerkt «Wer zu spät kommt, den bestraft das Leben».

2. Die Weiterentwicklung der Photovoltaik weltweit, in Europa und Deutschland steht heute vor neuen, viel größeren Herausforderungen. Definitiv sind wir Teil der Lösung und nicht Teil des Problems geworden. Man kann sich fragen: Waren die ersten paar Prozentpunkte Marktanteile Erneuerbare Energien schwieriger zu realisieren als vom heute erreichten Niveau von knapp 8% auf einen 100% Anteil der Erneuerbaren Energien zu kommen? Hier geht es nicht nur um Sonnenenergie und Photovoltaik, sondern auch das Hand-in-Hand mit der Windenergie, mit Effizienz und Suffizienz. Wir stecken mitten in der Herausforderung. Heute leistet das ISE u.a. mit der Roadmap für die Energiewende und den Arbeiten für Wege zu einem klimaneutralen Energiesystem wichtige Konzeptarbeit mit der Aktivität von Hans-Martin Henning und seinem Team.

3. Von Goetzberger ist und bleibt der Geist, die Hartnäckigkeit, die Umsicht und der weltoffene, liberale Denk- und Lebensansatz für uns ein ständiges Vorbild. Wir geben nie auf, Widerstände machen uns stärker, gemeinsam werden wir das Ziel einer kompletten erneuerbaren Energieversorgung erreichen. Ein Geschenk, dass Adolf Goetzberger einen guten Teil der Früchte und Ergebnisse dieser von ihm in wichtigen Teilen angestoßenen Entwicklung in Deutschland und der Welt noch erleben darf.

Thomas Nordmann

Prof. Dr. Eicke R. Weber

Der Gründer des Fraunhofer-Instituts für Solare Energiesysteme ISE, Adolf Goetzberger, ist eine in vieler Hinsicht wirklich bemerkenswerte, einmalige Persönlichkeit: Er begann als herausragender Forscher in der Mikroelektronik, der bereits in den 60er Jahren in Kalifornien mit dem Transistor-Pionier William Shockley wesentliche Forschungsarbeiten auf dem Gebiet besonders der Getterung von Metall-Atomen in Silicium leistete, und damit direkt zum Siegeszug des Silicium-Transistors beitrug.

Bereits damals erkannte er die wirklich einzigartigen Fähigkeiten des Siliciums als dem wichtigsten Halbleiter-Material. Als er dann nach weiteren Jahren der Forschungsarbeiten an Transistoren bei Bell Labs 1968 als Leiter des Fraunhofer-Instituts für Elektrowerkstoffe IEW nach Freiburg kam, erweiterte sich sein Forschungshorizont. Um dies auch im Institutsnamen zu reflektieren änderte er diesen in seinen heutigen Namen: Institut für Angewandte Festkörperphysik, IAFP, heute Fraunhofer IAF.

Dann schließlich 1981 der wirklich pionierhafte Schritt, die Gründung eines eigenständigen Fraunhofer-Instituts für Solarenergie, und zwar speziell, auch dies visionär, für Solare Energiesysteme, ISE. Er hatte gleich erkannt, dass wir Solarenergie nur dann kosteneffizient ernten können, wenn wir dazu geeignete Systeme entwickeln, die eben nicht nur aus dem Herzstück, den Solarzellen, bestehen.

Aus dem ursprünglichen Team der Arbeitsgruppe für Solarenergie (ASE) im IAF von ca. 35 Mitarbeitern baute Adolf Goetzberger bereits bis 1994 das ISE zu einem veritablen Institut mit 250 Mitarbeitern auf. Hier sollte auch Armin Räuber erwähnt werden, der auch vom IAF kam, und als stellvertretender ISE Institutsleiter eine wichtige Unterstützung für den Erfolg des Instituts war.

Ein wegweisendes Projekt dieses Instituts war das Freiburger Solar-haus, das wohl weltweit erste, moderne energieautarke Haus, mit Solar-system für Wärme und Stromerzeugung, wegweisender Energieeffizienz, und einem ebenso wegweisenden Wasserstoffsystem zur Energiespeiche-rung.

Die Technologien eines energieautarken Hauses wurden auch in ei-nem wegweisenden Projekt bereits praktisch umgesetzt: der nicht weit von Freiburg einsam auf einem Berg liegende Rappenecker Hof konnte anstatt einer teuren Netzanbindung energieautark durch Sonnenkollek-toren, kombiniert mit Wasserstoff als Speicherelement versorgt werden. Ich hatte das Vergnügen, zum Jubiläum dieser Einrichtung auf dem Rap-penecker Hof baden-württembergische Politiker begrüßen zu können, und Adolf Goetzberger beschrieb seine Erfahrungen mit diesem Projekt in einer ausführlichen Ansprache, von der wir noch eine Video-Auf-zeichnung haben.

Anfang der 1990er Jahre war das ISE aber in großer Gefahr, von Fraunhofer geschlossen oder ausgegliedert zu werden. Industrieprojek-te trugen nur 10% zum Jahresbudget bei, weit unter den Vorgaben der Fraunhofer-Gesellschaft von ca. 33% – aber nicht verwunderlich, ohne Solarindustrie in Deutschland. Adolf Goetzberger war bereits nahe sei-ner Pensionierung und hatte nicht mehr viel zu verlieren. Daher wagte er den ungewöhnlichen Schritt in die Politik. Er reichte eine Petition in Berlin ein, die er selbst im entsprechenden Ausschuss mit einer engagier-ten Rede zur Zukunft der Solartechnologie vorstellte. Er erzählt heute gern, dass diese Intervention wohl essentiell war, um das Institut zu ret-ten.

Unter der anschließenden Leitung meines Vorgängers, Jochen Luther, hatte sich das Institut bereits zu ca. 500 Mitarbeitern entwickelt, mit ei-nem Jahresbudget von ca. € 25M, als ich 2006 die Leitung des ISE übernahm. Mein Werdegang hatte Ähnlichkeiten zu Adolf Goetzberger: in der Forschung war zentrales Thema meiner Habilitationsschrift das Verhalten von Metallen in Silicium für die Mikroelektronik, mit denen er sich bereits zwanzig Jahre vorher beschäftigte. Auch ich kehrte aus den USA, von der University of California, Berkeley, nach Freiburg zur Institutsleitung zurück, und auch ich engagiere mich vielfältig wie Adolf Goetzberger in solaren Interessengruppen wie auch gegen Ende meiner Amtszeit in der Politik.

Ich erinnere mich noch gut, dass ich in meinem Vorstellungsgespräch erklärte, dass ich Prof. Luther bewunderte, der es geschafft hatte, das ISE innerhalb von 10 Jahren in seiner Größe zu verdoppeln. Ich bat die Kommission, nicht von mir zu erwarten, diesen Erfolg zu wiederholen – 10 Jahre später, 2016, hatten wir es im ISE geschafft, mit ca. 1.300 Mitarbeitern und ca. 80 Mio. € Jahreshaushalt nicht nur das größte europäische Solarforschungsinstitut – das zweitgrößte der Welt – zu sein, sondern auch das zweitgrößte unter den damals 66 Fraunhofer Instituten in Deutschland. In unseren besten Jahren 2012/14 brachte das ISE fast 50% Industrieanteil am Jahresbudget ein, jetzt gab es in Deutschland eine veritable Solarindustrie!

Adolf Goetzberger hatte das ISE bereits 1981 programmatisch auf die richtige Schiene gestellt, und Jochen Luther hat diese Aufstellung erfolgreich weitergeführt. Vor mehr als dreißig Jahren war es noch keineswegs klar, welche Solarzellentechnologie gewinnen würde. Natürlich waren Solarzellen basierend auf kristallinem Silicium seit den siebziger Jahren gut eingeführt. Zahlreiche Forscher und Institute erwarteten aber, dass diese Technologie bald von einer zweiten Generation abgelöst würde, den sog. Dünnschichtsolarzellen aus diversen Materialien, wie amorphem Silicium, CdTe oder noch exotischeren Verbindungen wie CuInSe, und anschließend von Solarzellen der dritten Generation, wie organischen Solarzellen oder Solarzellen aus nanostruktierten Dünn-schichtmaterialien.

Die Erwartung war, dass sich Solarzellen mit diesen Technologien bedeutend preisgünstiger pro Fläche herstellen ließen, und daher Silici-umsolarzellen bald ablösen würden. Wie aber Adolf Goetzberger richtig erkannte, hatten Siliciumsolarzellen ein sehr viel stärkeres Potential der Wirkungsgradsteigerung. Mit der rasch wachsenden, großskaligen Pro-duktion in dieser Technologie, verbunden mit der Steigerung der Leis-tung, sanken die Preise pro Watt erzeugter Leistung rascher als die Preise der Dünnschichtsolarzellen, von den Solarzellen der dritten Generation ganz zu schweigen. So konnten wir in den Jahren 1980–2020 eine Re-duzierung der Kosten von Solarmodulen um einen schier unglaublichen Faktor 100 erleben, von $20/Watt auf heute nur noch $ 0,22/Watt, bei Solarstromkosten in Deutschland von 5–7 ct/kWh, in sonnenreichen Ländern nur noch 1,5 ct/kWh – eine Entwicklung, an der die For-schungsarbeiten des ISE einen nicht unerheblichen Anteil hatten.

Eine falsche Einschätzung der PV Technologieentwicklung dagegen hatte dramatische wirtschaftliche Folgen. Die Leitung des einstmaligen Weltmarktführer Q-Cells aus Deutschland investierte in der Dekade bis 2012 wertvolle hunderte von Millionen in sechs Tochterfirmen, die die diversen Dünnschichttechnologien zur Marktreife bringen sollten, anstatt diese Mittel zur raschen Expansion der Produktion der zentra-len Technologie der kristallinen Solarzellen zu verwenden – ein für die Firma wahrhaft tödlicher Fehler, wie sich später herausstellte. Adolf Goetzberger dagegen hatte bereits in den 1980er Jahren das Institut technologisch richtig und zukunftsweisend aufgestellt, und so ein solides Fundament für dessen außerordentlichen Erfolg in der ersten Dekade dieses Jahrhunderts gelegt.

Es erfüllte mich natürlich auch mit besonderer Freude, dass ich von Freund Goetzberger zu den Freiburger Rotariern eingeladen wurde, und wir haben seitdem viele rotarische Mittagessen an Montagen gemeinsam in Freiburg genossen, die er bis heute gern besucht, soweit es seine Gesundheit erlaubt.

Ganz besonders glücklich bin ich aber darüber, dass Freund Goetzberger es noch erleben darf, wie sich die Früchte seiner Arbeit für das ISE so deutlich zeigten: Er entschied sich, die Leitung eines veritablen Fraunhofer-Instituts abzugeben, um mit einer kleinen Gruppe die riskante Gründung eines Instituts in der noch vollkommen unerprobten Solartechnologie zu unternehmen, weil er von der Zukunft der Solarenergie überzeugt war. Während das IAF Mutterinstitut heute ca. 280 MitarbeiterInnen hat, ist das „Baby" ISE zur mehrfachen Größe herangewachsen!

Ebenso erfüllt es mich mit Freude, dass es Adolf Goetzberger vergönnt war, noch zu erleben, dass seine Vision aus den 1980er Jahren – der Siegeszug der Solarenergie – gerade in diesen Jahren ernsthaft verwirklicht werden: Seit 1992 ist der Welt-Solarmarkt jährlich um durchschnittlich 33 % gewachsen, auf heute sagenhafte 600 Gigawatt installierte Leistung. Aber dies ist erst der Anfang, wir erwarten bis 2030 mehrere Terawatt, bis 2050 sogar 30 bis 50 Terawatt installierte Leistung, da die Solarenergie bei weniger als 1 ct/kWh Strompreis ganz einfach die preiswerteste Stromquelle auf Erden sein wird.

Ist es nicht auch wundervoll, dass die Jugendbewegung von Fridays for Future gerade heute diese Vision von Adolf Goetzberger, raschest möglicher Ausstieg aus den CO_2-emittierenden fossilen Energien durch Übergang auf Solarenergie, so nachdrücklich fordert? Dies schlägt heute, im Jahre 2020, eine Brücke über mehr als fünf Generationen!

Abschließend möchte ich noch auf zwei Quellen hinweisen, die dem Leser noch viele Details aus dem so reichen Leben von Adolf Goetzberger zugänglich machen:

Der Artikel von Alexander Magoun:
There, and back again: How Adolf Goetzberger got to Solar Energy
Proc. IEEE 103, 476 (2015)
https://www.researchgate.net/publication/275055854

sowie eine wundervolles, ausführliches Interview:
Goetzberger Oral History:
https://ethw.org/Oral-History:Adolf_Goetzberger

Eicke R. Weber

Besuch des damaligen Freiburger Oberbürgermeisters. Beim Betrachten eines Flu-
ko Experiments auf dem Dach des Fraunhofer ISE in der Oltmannsstraße: Prof.
Dr. Adolf Goetzberger mit Dr. Keidel (Mitte) und die Kollegen Zastrow, Wittwer
und Heidler (v.l. n. r.), 1981. ©Fraunhofer ISE

Prof. Dr. Adolf Goetzberger mit Christel Russ und Volker Hoffmann auf dem
Dach des Fraunhofer ISE in der Oltmannsstraße. ©Fraunhofer ISE

Erstes netzgekoppeltes Haus, München, 1980. ©Fraunhofer ISE

PV-Experiment auf dem Dach des Fraunhofer IAF, noch vor der Gründung des Fraunhofer ISE, 1979/80. ©Fraunhofer ISE

Tagung des ersten Kuratoriums des Fraunhofer ISE, auf dem die Gründung beschlossen wurde, 1980. ©Fraunhofer ISE

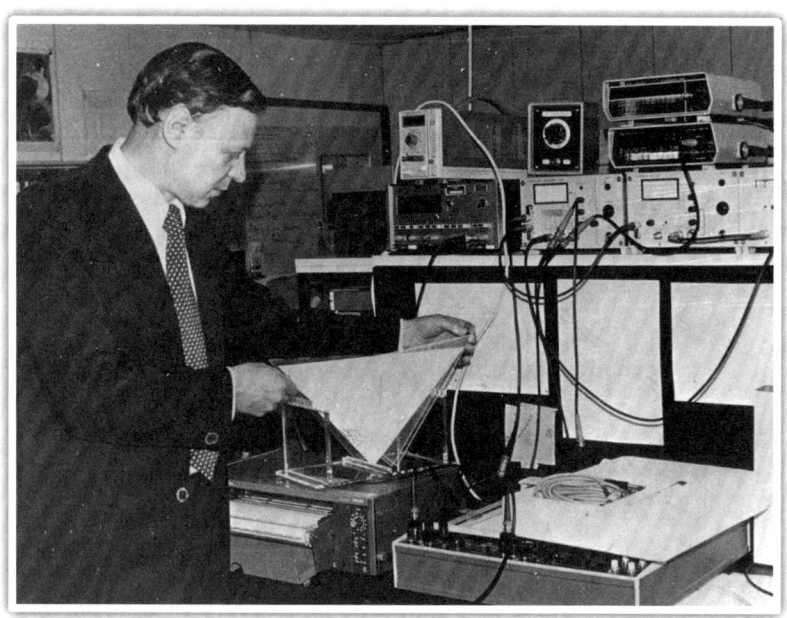

Messstand für Fluko Proben. ©Fraunhofer ISE

Institutsübergabe an Joachim Luther, 1993. ©Fraunhofer ISE

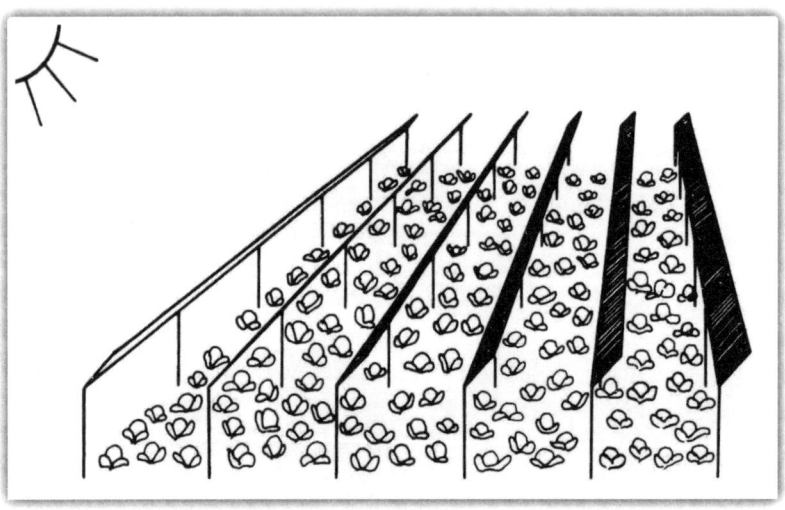

Skizze einer Agri-Photovoltaik-Anlage. Aus einem Artikel von Prof. Adolf Goetzberger und Dr. Armin Zastrow, in der Zeitschrift SONNENENERGIE 3|1981

Im Gespräch mit
Prof. Adolf Goetzberger

Professor Adolf Goetzberger ist ein Pionier der Energiewende. Er kam nach Forschungsjahren im Halbleiterbereich in den USA wieder nach Deutschland, hat 1981 das Fraunhofer Institut für Solare Energiesysteme (ISE) in Freiburg gegründet. 1992 erhielt er das Bundesverdienstkreuz und war von 1993 bis 1997 Präsident der DGS.

Im November 2019 sprach der DGS-Vizepräsident Jörg Sutter mit ihm.

Prof. Dr. Adolf Goetzberger an seinem Schreibtisch im IAF
(Institut für Angewandte Festkörperphysik). Quelle: Goetzberger

Frage: Herr Professor Goetzberger, Sie waren beruflich und in vielen Ehrenämtern mit dem Thema Sonnenenergie beschäftigt. Wieweit spielt das heute noch eine Rolle für Sie?

Goetzberger: Ich hatte noch lange ein Büro im Fraunhofer-Institut und das habe ich erst vor vier, fünf Jahren aufgegeben, als das Institut Platz gebraucht hat. Dann habe ich auch aufgehört, selber etwas aktiv zu machen. Seither bekomme ich noch diverse Zeitschriften, die ich lese, die SONNENENERGIE der DGS gehört natürlich dazu. Dadurch bin ich immerhin noch einigermaßen informiert.

Frage: Mit dem jahrzehntelangen Blick aus Ihrer Erfahrung: Wo stehen wir heute im Solarbereich?

Goetzberger: Eigentlich könnten wir viel weiter stehen, wenn man kontinuierlich daran gearbeitet hätte, aber es gab ja einen großen Einbruch im deutschen Solarmarkt, dadurch sind auch viele andere Entwicklungen wenn nicht zum Stillstand gekommen so doch sehr verlangsamt worden. Vieles ist nach China abgewandert. Wir könnten heute mit den Erneuerbaren Energien viel weiter sein, wenn man die Förderung kontinuierlich durchgezogen hätte. Man will ja die fossilen und umweltschädlichen Energien weitgehend ersetzen.

Frage: Glauben Sie, dass die Fridays-for-Future-Bewegung jetzt neuen Schwung bringt? In den letzten Jahren ging ja – trotz den politischen Bekenntnissen – nicht viel voran.

Goetzberger: Es führt zumindest dazu, dass das Ganze mehr in den Blick der Öffentlichkeit gerückt wird und man auch in der Politik dessen gewahr wird und mehr darüber spricht und plant – aber ob wirklich Taten folgen, muss sich erst noch erst noch erweisen.

Frage: Das gilt dann wahrscheinlich aus Ihrer Sicht auch für das Klimapaket der Bunderegierung?

Goetzberger: Ja, ich habe dazu viel Kritik gehört. Aber immerhin finde ich es positiv, dass mal was getan wird, auch wenn man so die Klimaziele wohl nicht erreichen wird. Ich erinnere mich, kurz nach der ISE-Gründung [Anmerkung: das war 1981] in Vorträgen immer wieder die Forderung erhoben zu haben, dass die Energiepreise die Wahrheit sagen müssen. Damals wäre sowas schon angemessen gewesen, dann wären wir heute viel weiter.

... wenigstens soll bei der PV der 52-GW-Deckel nun gestrichen werden

Goetzberger: Ja, das war ja völlig wiedersinnig, dass die Energie, die man eigentlich fördern möchte, künstlich gedeckelt wird. Und die Förderung kostet heute doch gar nicht mehr so viel, weil Photovoltaik so billig geworden ist, so dass man sich das leicht erlauben kann.

Was sind denn gerade die spannenden technischen Themen in der PV?

Goetzberger: Das ISE treibt vor allem die Systemtechnik voran, das ist etwas, was ich sehr begrüße, ich hatte diesen Gedanken von Anfang an. Dadurch hat das ISE heute auch ein weites Betätigungsfeld, auch wenn die Solarzellen-Entwicklung als solche zwar immer noch wichtig ist, aber nicht mehr im Mittelpunkt steht. Die Entwicklung der Solarzellen zu höheren Wirkungsgraden ist immer noch nicht zu Ende, das geht kontinuierlich. Seit Gründung des ISE wurde der Wirkungsgrad der marktgängigen kristallinen Siliziumzellen immer weiter verbessert, auch wenn sich die Industrie manchmal schwer damit getan hat, wissenschaftliche Erkenntnisse in der Praxis durchzusetzen. Ich kann mich noch gut an eine Gutachtersitzung erinnern, als ich in den Anfangsjahren des ISE einen Antrag eingebracht habe, mit dem zunächst einmal das Potential der Siliziumzelle ausgelotet werden solle. Wir wollten damals versuchen, mit den bekannten Halbleitertechniken den höchstmöglichen Wirkungsgrad zu erreichen. Da hat es dann Kritik gehagelt, das wäre zu teuer, ein Industrievertreter hat das dann zu Fall gebracht, indem er gesagt hat, alles was wir wollen ist 10 Prozent Wirkungsgrad und möglichst billig. Dadurch sind wir um Jahre zurückgefallen. Inzwischen haben das andere gemacht, Kollege Green in Australien zum Beispiel.

Frage: Inzwischen gibt es die ersten realisierten Beispiele für Agri-Photovoltaik, also die Doppelnutzung von landwirtschaftlichen Flächen für Solarenergie und Feldfrüchte. Auch das geht auf Ihre Idee zurück?

Goetzberger: Schon 1981 habe ich das veröffentlicht und seit damals immer wieder alle fünf, sechs Jahre versucht, das zu realisieren. Wir haben immer wieder Anträge gestellt, bei Ministerien und Stiftungen, das ist immer wieder abgelehnt worden. Jetzt erst konnte man einen Praxisversuch machen.

Frage: Aktuell wird auch in Baden-Württemberg weiter darüber diskutiert, denn große Flächen für PV sind hier durchaus knapp.

Goetzberger: Da ist ja genau etwas, das wir damit zumindest einer Lösung näherbringen wollten. Was damals schon aufgefallen ist, ist dass durch den Schattenwurf viel Abstand zwischen den Modulen gehalten werden muss und deshalb viel Fläche nicht genutzt wird. Auf der anderen Seite muss ja auch bei der Freiflächenaufstellung das Grün unter den Modulen sowieso gepflegt werden. Das hatten wir dann aufgeschrieben und ich habe das als Vorschlag veröffentlicht.

... zum ersten Mal in der SONNENENERGIE

Goetzberger: ja, und leider ist das dann jahrzehntelang liegengeblieben, ohne dass damit was angefangen wurde.

Noch eine Frage zum ISE, das jetzt 1.200 Mitarbeiter hat: Stehen Sie mit den aktuellen Mitarbeitern noch im Austausch?

Goetzberger: Ich gehe immer wieder ins Seminar dorthin und kenne den aktuellen Leiter Herrn Henning gut, auch Herr Bett kenne ich schon sehr lange, er hat auch bei mir Diplomarbeit gemacht. Ein intensiver Kontakt zu ihm ist das nicht, er ist ja auch sehr beschäftigt, aber wenn ich irgendein Anliegen habe, ist er immer sehr entgegenkommend und hilfsbereit.

Frage: Aus Ihrer Sicht: Warum ist das ISE so erfolgreich? War es damals zur Gründung einfach der richtige Zeitpunkt mit dem richtigen Thema?

Goetzberger: Da sind einige Dinge zusammengekommen. Es muss das richtige Thema sein, über den Zeitpunkt kann man noch streiten, denn als ich das ISE gegründet habe, war es nicht der richtige Zeitpunkt, denn es war äußerst schwierig, vor allem in der Fraunhofer Gesellschaft, denn die verlangt einen erheblichen Anteil an Industriefinanzierung. Das war zu Beginn des ISE nicht möglich, weil es damals ja gar keine Industrie gab. Aus späterer Sicht war es schon der richtige Zeitpunkt. Sehr wichtig ist auch, dass man die richtigen Mitarbeiter haben muss, ohne die fähigen und kreativen Menschen geht so etwas ja überhaupt nicht. Und damals hat auch das Thema die Jugend schon bewegt, da war es nicht schwierig, gute Leute zu gewinnen, vor allem für Diplom- und Doktorarbeiten.

Frage: Möchten Sie am Ende unseren DGS-NEWS-Lesern noch etwas mit auf den Weg geben?

Goetzberger: Sie sollten weiterhin versuchen, die DGS zu stärken. Insgesamt bin ich etwas pessimistisch, weil die Sonnenenergie heute schon viel weiter sein könnte, wenn man rechtzeitig darauf eingegangen wäre. Aber es kann sein, ich war mit meinen Vorschlägen und der Institutsgründung zu früh dran und meiner Zeit voraus. Ich tröste mich damit, dass es besser ist, der Zeit voraus zu sein als hinterher.

Herr Goetzberger, Vielen Dank für das Gespräch

Ein Rückblick

Professor Goetzberger lernte ich im Herbst 1992 kurz vor seinem Ausscheiden als Institutsleiter des Fraunhofer-Instituts für Solare Energiesysteme ISE, das er 1981 gegründet hatte, kennen. Er war zu dieser Zeit als 2. Vizepräsident Mitglied im Präsidium der Deutschen Gesellschaft für Sonnenenergie (DGS). Im Oktober 1989 war er in dieses Amt gewählt worden und vertrat in dieser Position insbesondere die Belange der Internationalen Solar Energy Society (ISES), deren Headquarter in den USA war.

Eine deutsche ISES-Sektion war bereits 1976 gegründet worden – also ein Jahr nach Gründung der DGS im Oktober 1975. Die beiden Organisationen unterschieden sich sehr stark in ihrer Mitgliederzahl und insbesondere deren fachlichen Orientierung. Die DGS hatte einen unglaublichen Zulauf und bei ihrer ersten Mitgliederversammlung am 22. Mai 1976 bereits etwa 1.200 Mitglieder, während die deutsche ISES Sektion sicherlich nur einen Bruchteil davon an Mitgliedern zählte. Diese Differenz ergab sich aus dem beruflichen Umfeld der Mitglieder: in der ISES-Sektion hatten sich vorwiegend die deutschen Solarforscher zusammengeschlossen; in der DGS waren hingegen alle Bereiche der Gesellschaft vertreten. Menschen, die von den Ideen einer alternativen Energieversorgung – ohne Kernenergie – begeistert waren und ein großes Bedürfnis nach fachlich kompetenter und unabhängiger Information zu Fragen der Sonnenenergienutzung hatten: Naturwissenschaftler, Techniker und Handwerker sowie technisch Interessierte, die sich in der technischen Anwendung und praktischen Erprobung der Erneuerbaren Energie engagierten. Viele solarbegeisterte Wissenschaftler – ebenfalls in der DGS engagiert – waren der Garant für die wissenschaftliche Reputation der DGS, wie etwa bei der Qualität der von der DGS veranstalteten Kongresse.

Prof. Goetzberger gehört zu dieser Gruppe von Wissenschaftlern, die beiden Organisationen angehörten. Seine Beziehung zur DGS reicht bis in die Gründungszeit der Deutschen Gesellschaft für Sonnenenergie zurück. Bereits zum 13. Januar 1976 trat Prof. Goetzberger der DGS bei. Eine aktive Rolle in der DGS übernahm er erst im Jahr 1989, zunächst als 2. Vizepräsident und anschließend bis 1997 in der Funktion als DGS-Präsident.

Ende Oktober 1993 wurde Prof. Goetzberger als Nachfolger von Dr. Horst Selzer zum 11. Präsidenten der DGS gewählt und im Oktober 1995 in diesem Amt bestätigt. Im Folgenden sollen Akzentsetzungen von Prof. Goetzberger während seiner vierjährigen Präsidiumszeit aufgezeigt werden. Zeitgleich war er von 1991 bis 1993 Präsident von ISES. In diese Amtszeit fiel 1993 die Entscheidung, den Sitz der Organisation von Melbourne, Australien, nach Europa zu verlegen. Das ISES-Präsidium beschloss, das Angebot des Bundeslandes Baden-Württemberg und der Stadt Freiburg, die Übersiedlung des Headquarters nach Freiburg zu unterstützen, anzunehmen. Im Januar 1994 wurde die Einweihung des ISES-Headquarters in Freiburg in der Villa Tannheim gefeiert.

Sicherlich ging damit Prof. Goetzbergers großer Wunsch, die beiden Organisationen in einer fruchtbaren Zusammenarbeit zu „vereinen" in Erfüllung. Die Zusammenarbeit der DGS mit der ISES, organisiert durch den Freiburger Hauptsitz, funktionierte ausgezeichnet. Für die DGS waren damit insbesondere die bürokratischen und organisatorischen Voraussetzungen für die Durchführung von umfangreichen, teilweise mit EU-Mitteln geförderten Projekten während meiner Arbeit im DGS-Präsidium (1995 bis 2005) gelegt. Ich bin Prof. Goetzberger sehr dankbar, dass er dadurch die DGS sich aktiv an europäischen und nationalen Projekten zum Thema „Erneuerbare Energie"n in der schulischen und der Berufsausbildung beteiligen konnte.

(i) Beratungen verschiedener Ministerien: seit Gründung der DGS im Jahr 1975 waren DGS-Präsidenten/Mitglieder zu fachspezifischen Beratungen in verschiedensten Ministerien tätig gewesen und genossen ein hohes Ansehen aufgrund ihres wissenschaftlich-technischen Wissens. Doch nicht immer führten die Gespräche in den Ministerien zu den von der DGS erwarteten Ergebnissen. Selbstverständlich war Prof. Goetzberger mit seiner hohen wissenschaftlichen Kompetenz und technischen Erfahrung aus seiner ehemaligen Position als Leiter des Fraunhofer ISE ein gefragter Berater in den Ministerien bei Entscheidungen zu finanziellen und strukturellen Fördermaßnahmen – aber auch er musste hinnehmen, dass seine Vorstellungen nicht immer auf Verständnis stießen, nicht akzeptiert oder nur teilweise umgesetzt wurden.

(ii) Tagungen: Die Tradition der jährlichen Tagungen – insbesondere die des Internationalen Sonnenforums – wurde fortgesetzt. Die oben angesprochene Zusammenarbeit mit ISES führte 1996 zu dem in Freiburg gemeinsam veranstalteten Tagungsdoppel: 1. Europäische ISES-Tagung „EuroSun'96 – 10. Internationales Sonnenforum". Diese erste Doppeltagung ihrer Art war außerordentlich erfolgreich hinsichtlich der Teilnehmerzahlen und der versammelten Prominenz bei der Eröffnung. Die Resonanz der Tagung erinnerte an die frühen DGS-Tagungen in den 1970/1980-iger Jahren. Leider wurde dieser Erfolg später an anderen Veranstaltungsorten nicht wieder erreicht.

(iii) Messen: seit Anbeginn der DGS-Tagungen im Jahre 1976 waren begleitend stets Ausstellungen von Solaranlagenanbietern und Zulieferbetrieben zum aktuellen Stand der technisch-praktischen Nutzung der Sonnenenergie Teil der Veranstaltungen gewesen. So ergab sich auch, dass die später europaweit größte Solarmesse – die Intersolar – von Anfang an von der DGS unterstützt wurde. Die DGS war Träger der ersten Stunde. Die in Pforzheim von dem Verein "Akut" 1991 erstmals organisierte „Solar`91", entsprach ganz den Bedürfnissen von Herstellern, Technikern und Handwerkern nach Präsentation und Gedankenaustausch. Die Zahl der Aussteller wuchs schnell an, der Platz in Pforzheim war nicht mehr ausreichend und so wechselte die Messe unter Mithilfe der DGS ihren Standort zunächst im Jahr 2000 nach Freiburg und später wegen räumlicher Kapazitätsgrenzen von Freiburg nach München.

(iv) regionale Sektionen: ein besonderes Anliegen aller Präsidiumsmitglieder war, die in der DGS umfangreiche fachliche Kompetenz der Vereinsmitglieder verstärkt in die Gesellschaft hineinzutragen, die Notwendigkeit einer Veränderung des gegenwärtigen Energiesystems breiten Schichten der Gesellschaft besser verständlich zu machen und die vorhandenen technischen Grundlagen einer Veränderung des Energiesystems sichtbar zu machen. Für die Präsidiumsmitglieder bedeutete das vor allem, die Sektionen in ihren Aktivitäten zu unterstützen – auch mal vor Ort zu sein – und neue Sektionen ins Leben zu rufen. Insbesondere wurden die Gründungen in den neuen Bundesländern in ihrer Aufbauarbeit vielfältig unterstützt. So reiste Prof. Goetzberger 1996 zur Gründungsversammlung der Sektion Mecklenburg-Vorpommern.

(v) Fachausschüsse/Landesverbände: sie gehören zusammen mit den Sektionen zu den tragenden Säulen der DGS. Diese themenspezifischen

Kompetenzzentren haben von Anfang an bis heute durch konkrete Aus-
bildungsangebote, fachspezifische Beratungen der Politik und der breiten
Bevölkerung, einen großen Beitrag zur Akzeptanz und zur technischen
Nutzung der Erneuerbaren Energien geleistet. Auch hier liefen viele Anstrengungen, um die Zahl der bereits vorhandenen Fachausschüsse zu
vergrößern. Mein Engagement und meine Mitarbeit bei der DGS setzt
hier beim Thema Fachausschüsse ein. Prof. Goetzberger machte mir
1993 den Vorschlag, entsprechend meinem Forschungsgebiet (Anaerobe
Energiegewinnung aus Abfallbiomasse) in der DGS eine Arbeitsgruppe
zum Thema Biomasse zu etablieren. Er zerstreute meine Bedenken, dass
die Solarenergie orientierte DGS nicht der richtige Ort für eine solche
Arbeitsgruppe sei. Letztendlich rief ich eine Arbeitsgruppe „Biomasse"
ins Leben. 1995 wurde die Arbeitsgruppe in den Fachausschuss „Biomasse" umbenannt.

RÜCKBLICKEND, ZUSAMMENFASSEND

Wie sehe ich heute – 23 Jahre nach der aktiven Zeit (1989 bis 1997)
von Prof. Goetzberger in der DGS – seine Bedeutung für die DGS während seiner Amtszeit und die langfristige Bedeutung seines Engagements
für die DGS? Als Vizepräsidentin arbeitete ich von 1995 bis 1997 mit
Prof. Goetzberger gemeinsam im DGS-Präsidium und war, zwar nicht
unmittelbar, aber von 1999 bis 2005 seine Nachfolgerin.

Als Prof. Goetzberger sich aktiv in der DGS engagierte war er ein
international anerkannter Wissenschaftler auf dem Gebiet der Erneuerbaren Energien und ehemaliger Leiter des renommierten Fraunhofer-Instituts für Solare Energiesysteme. Es ist von daher nicht verwunderlich,
dass die DGS an Anerkennung und Reputation stark gewann. Die Be-

reitschaft von Politik, Industrie und Ausbildungsstätten, die Kompetenz der DGS in Fragen der Erneuerbaren Energien zu nutzen wurde gestärkt und kam der DGS durch die Übertragung kleiner und großer öffentlicher Projekte auch finanziell zu Gute.

Für die Arbeit der DGS hat der Umzug des ISES-Hauptsitzes nach Deutschland zu einem vertrauensvollen, partnerschaftlichen Miteinander der beiden Organisationen geführt. Die DGS hat in den Jahren um und nach 2000 sehr von der Zusammenarbeit mit ISES profitiert. Die großen nationalen und internationalen Projekte, mit dem Ziel Lehrinhalte zu den Themen Erneuerbare Energien und rationelle Energieverwendung in die Lehrpläne von Schülerinnen und Schülern sowie Studierenden zu integrieren, wären ohne diese Kooperation wahrscheinlich nicht zustande gekommen. Die DGS konnte so ihr Standing als kompetente wissenschaftlich-technische Organisation um das Thema Ausbildung erweitern.

Prof. Goetzbergers Aktivitäten in der DGS haben weit über seine Präsidiumszeit die Reputation der DGS gestärkt. Aus meiner Sicht war Prof. Goetzberger ein guter Präsident, der keinerlei autoritären Ambitionen hatte. Im Gegenteil, er förderte und unterstützte die Aktivitäten aller Mitstreiter und Mitstreiterinnen – er ließ jede und jeden gewähren. Er motivierte seine Umgebung, sich für die große Idee, einer Welt die nachhaltig mit Energie versorgt wird, aktiv einzusetzen. Mit seiner Lebensarbeit ist er ein großartiges Vorbild für die Verwirklichung dieser Vision.

Prof. Goetzberger ist seit nahezu 45 Jahren Mitglied der Deutschen Gesellschaft für Sonnenenergie und gehört heute zu der kleinen Gruppe von Zeitzeugen, die die Geschicke der DGS mit wohlwollendem Beistand von Anfang an verfolgt hat. Die DGS ist ihm dafür dankbar – sein Name wird dauerhaft mit der DGS verbunden bleiben.

Prof. Sigrid Jannsen

Die hervorragenden Verdienste Adolf Goetzbergers für die Solare Zukunft unserer Energieversorgung wurden auf vielfältige Weise gewürdigt: Als erster Deutscher wurde er 1983 mit dem »J.J. Ebers Award« der IEEE Electron Devices Society für seine herausragenden technischen Leistungen auf dem Gebiet der elektronischen Bauteile geehrt. 1989 erhielt er die Verdienstmedaille des Landes Baden-Württemberg, 1992 wurde er mit dem Bundesverdienstkreuz erster Klasse ausgezeichnet. Im August 1993 nahm er den »Achievement through Action Award« der ISES entgegen. 1995 erhielt er die Ehrendoktorwürde der Universität Uppsala und im selben Jahr den »Farrington Daniels Award« der ISES. 1997 wurde er mit der Karl Boer Medaille geehrt. Ebenfalls 1997 folgten der Becquerel Prize und der »William R. Cherry Award«. 2006 verlieh ihm die SolarWorld AG den Einstein Award 2006 für sein Lebenswerk und EUROSOLAR den European Solar Award. 2009 ehrte das Europäische Patentamt Adolf Goetzberger mit dem Titel »European Inventor of the Year«.